식품, 축산물 및 건강기능식품의 유통기간 설정실험 가이드라인

식품의약품안전처

이 안내서는 식품, 축산물 및 건강기능식품의 유통기간 설정실험에 대하여 알기 쉽게 설명하거나 식품의약품안전처의 입장을 기술한 것입니다.

본 안내서는 대외적으로 법적 효력을 가지는 것이 아니므로 본문의 기술방식('~하여야 한다' 등)에도 불구하고 민원인께서 반드시 준수하셔야 하는 사항이 아님을 알려드립니다. 또한, 본 안내서는 2018년 8월 현재의 과학적·기술적 사실 및 유효한 법규를 토대로 작성되었으므로 이후 최신 개정 법규 내용 및 구체적인 사실관계 등에 따라 달리 적용될 수 있음을 알려드립니다.

※ "가이드라인이란 대외적으로 특정한 사안 등에 대하여 식품의약품안전처의 입장을 기술한 것임(식품의약품안전처 지침등의 관리에 관한 규정(식약처 예규))

※ 본 안내서에 대한 의견이나 문의사항이 있을 경우 식품의약품안전처 식품기준기획관 식품기준과에 문의하시기 바랍니다.
전화번호: 043-719-2412
팩스번호: 043-719-2400

목 차

배경 및 목적 ·· 1

용어의 정의 ·· 3

01. 유통기한의 개요 ·· 11

02. 유통기간 설정실험 지표 ·· 19

03. 유통기간 설정실험 ·· 33

04. 유통기간 설정을 위한 관능검사 가이드라인 ······················ 47

05. 별 첨 ··· 67

별첨1. 유통기간 설정실험 판단여부에 대한 의사결정도 ············· 69
별첨2. 실측 또는 가속실험 판단을 위한 의사결정도 ··················· 70
별첨3. 유통기간 설정실험 업무흐름도 ·· 71
별첨4. 실측실험결과 해석방법 ··· 72
별첨5. 가속실험결과 해석방법 ··· 73
별첨6. 가혹실험 수행 시 고려사항 ·· 76
별첨7. 설정실험 지표 실험방법 출처정리 ······································ 78
별첨8. 식품 유통기간 설정실험 결과보고서 작성 예 ··················· 139
별첨9. 식품, 축산물 및 건강기능식품의 유통기간 설정 프로그램 사용자 매뉴얼 ··· 178
별첨10. 간단한 예측적 방법의 사용 ·· 196

06. 유통기한 설정 관련 자주 묻는 질의응답집(FAQ) ············· 197

배경 및 목적

■ 식품 등의 유통기한 설정이 2000년에 전면 자율화 되면서 업계에 대한 규제가 완화되었다. 그러나 중소 제조업소는 유통기한 설정 경험이 없거나 인프라 부족으로 많은 어려움이 있었다. 경우에 따라서는 자의적으로 유통기한을 설정하는 등 과학적 근거없이 설정하는 사례도 있었다.

■ 이에 대한 대책으로 식품의약품안전처(당시 식약청)는 2006년 12월 식품위생법 시행규칙 제25조 제1항 제3호와 제26조 제2항을 신설하여 식품 제조·가공업자가 신규품목을 제조보고하거나 품목제조사항을 변경(유통기한 연장에 해당하는 경우)하는 경우 실험결과 등 과학적 근거에 따라 「유통기한 설정사유서」를 작성·제출하도록 의무화하였다.

■ 또한, 이 법 조항에 근거하여 2007년 10월 「식품 등의 유통기한 설정기준」(식약처 고시)을 제정하여 유통기한 설정 기준의 일반원칙과 설정실험을 생략할 수 있는 경우에 관한 기준을 마련하였다.

■ 축산물은 2000년 12월 축산물 위생관리법 제25조 및 같은법 시행규칙 제37조에 따라 축산물가공업과 식육포장처리업 영업자가 품목제조보고 또는 변경 시 「유통기한 설정 사유서」를 제출하도록 규정하였다. 2014년 12월 「식품 등의 유통기한 설정기준」에 축산물의 설정기준을 포함시켜 민원 편의를 도모하였다.

■ 건강기능식품은 건강기능식품에 관한 법률 시행규칙 제8조제1항제1호에 따라 건강기능식품제조업자가 품목제조신고 또는 변경 시 「유통기한 설정사유서」를 제출하도록

식품, 축산물 및 건강기능식품의 유통기간 설정실험 가이드라인(민원인 안내서)

규정하였다. 2011년 3월 건강기능식품의 유통기한 설정방법, 절차 등 필요한 기준을 정하여 「식품 등의 유통기한 설정 기준」에 추가하였다.

■ 본 가이드라인은 「식품, 식품첨가물, 축산물 및 건강기능식품의 유통기한 설정기준」에서 정하는 유통기한 설정 시 실험지표(항목), 실험 시 저장조건, 실험 결과보고서 작성 등 기본적인 사항이 잘 이행될 수 있도록 구체적인 실험방법 등에 대한 세부 정보를 제공함으로써 유통기한 설정에 직접적으로 책임이 있는 관련업계 뿐만 아니라 품목제조보고나 신고 등의 업무를 수행하는 담당공무원에게 유통기한 설정 원리와 결과보고서 작성에 기초가 되는 정보 제공을 목적으로 한다.

■ 참고로 본 가이드라인은 제품의 유통기한을 정확하고 일관되게 결정하기 위한 일반적인 방법을 제공하는 것으로 모든 식품, 축산물의 유형, 건강기능식품을 대표할 수는 없다. 따라서, 해당 제품의 특성을 가장 잘 파악하고 있는 영업자가 유통기한 설정에 대한 책임감을 갖고 실험결과 등 근거자료를 토대로 제품의 특성과 유통실정을 고려하여 소비자의 위해방지와 품질을 보장할 수 있도록 합리적으로 설정하여야 할 것이다.

용어의 정의

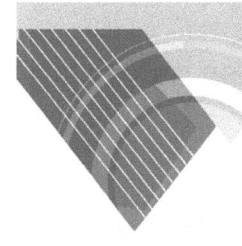

용어의 정의

가속실험

온도가 물질(또는 성분)의 화학적, 생화학적, 물리학적 반응과 부패 속도에 미치는 영향을 이용하여 단기간에 저장온도를 상승시켜 증가된 변화율로부터 획득한 데이터를 아레니우스 방정식(Arrhenius equation)을 사용하여 정상 저장 조건으로 외삽하여 유통기간을 예측하는 실험

가열

식품에 열을 가하여 미생물 사멸, 효소 및 독성 성분의 파괴 등을 유도함으로써 식품에 안정성과 저장성을 부여하는 방법

가염

식품에 소금을 가하여 미생물 생육 억제를 유도함으로써, 식품의 저장성을 높이는 방법

검증

실험을 통해 증명하는 방법

고온살균

100℃ 또는 그 이상의 온도로 살균하는 방법

냉동저장

식품의 수분을 얼려 효소나 산화에 의한 변질을 최소화하는 저장방법. 온도범위는 -18℃이하

냉장저장

식품의 어는점 이상의 낮은 온도에서 식품을 보관, 저장방법. 일반적인 온도범위는 0~10℃

물리적 부패
수분의 손실, 증가, 이동 및 온도변화 등에 의해 일어나는 부패. 식품 내부 성분의 점도 생성, 용해도 증가, 결정화 등을 포함

미생물학적 모의시험
식품 내 병원성 미생물 등의 잠재적 위험을 결정하기 위하여 제품에 영향을 끼칠 가능성이 있는 미생물을 연구 중인 검체에 주입하고 위해성을 알아보는 시험

미생물학적 부패
미생물이 원인이 되어 식품이 변질되거나 부패되는 것으로, 세균, 효모, 곰팡이 발육 등의 형태를 포함

반응차수
반응속도와 반응물질이 농도관계를 나타낸 반응속도식에서 반응물질 농도항의 지수
0차반응 : 반응속도가 반응물질의 농도에 의하여 변하지 않는 반응
1차반응 : 반응속도가 반응물질의 농도에 비례하는 반응

반응속도
반응물의 농도가 시간에 따라 변화하는 정도를 정량적으로 기술한 것. 반응속도로부터 반응속도상수에너지, 활성화에너지, 반감기, Q10값, 유통기한을 구할 수 있음

반응속도 그래프
Kinetic plot. 여러 가지 물리적조건(온도, 농도 등)에 대해 시간변화에 따른 품질변화량(화학반응량)을 나타낸 그래프

발효
미생물에 의한 유기화합물의 화학적 분해 또는 미생물이 무산소조건에서 당으로부터 알코올을 만드는 반응

병원성 미생물
사람에게 병을 일으키거나 해를 주는 미생물. 바이러스, 세균, 진균, 원생동물 등

용어의 정의

변질

식품의 품질이 점차적으로 나빠지는 것. 냄새, 빛깔, 외관 또는 조직 등에 바람직하지 않은 변화가 일어나는 것

부패

유기물이 썩거나 붕괴되는 과정. 단백질과 유기물이 부패미생물에 의해 분해되어 유독한 물질과 악취를 생성하는 변화

비교온도

유통기간 설정을 위한 실측실험이나 가속실험시 실제 유통되는 온도 이외의 온도조건에서 일어나는 품질변화를 비교하기 위해 설정한 온도

산도

염기 한 분자에 있는 수산기의 수. 이 수에 따라 일산염기, 이산염기, 삼산염기라고 함. 산성도의 준말로서 산을 가진 용액의 산성 세기를 나타내는 척도

산화환원전위

oxidation-reduction potential : redox potential. 어떤 물질이 전자를 잃고 산화되거나 또는 전자를 받고 환원되려는 경향의 강도를 나타내는 것으로 측정은 산화환원 가역 평형상태에 있는 수용액에 부반응성 전극(예 : 백금전극)을 주입시켜 가역반전지를 구성, 발생되는 전위를 측정함. 산화환원전위는 Eh로 표시되며 단위는 volt(또는 milli volt)

결정계수

Coefficient of determination. 두 변량 사이에 존재하는 상관관계를 나타내는 값. 선형 상관계수(correlation coefficient, r)를 제곱한 r^2(r-Squared)로 표시함. 값은 0~1이며, 값이 클수록 강한 상관관계를 나타냄

상온저장

실온저장 참조. 온도범위는 15~25℃

선형회귀분석

쌍으로 관찰된 두 연속형 변수들 사이에 선형관계가 있다고 전제한 후, 한 변수를 원인(독립변수)으로 하고 다른 변수를 결과(종속변수)로 하여 두 변수사이의 선형식을 구하는 통계분석방법
단순선형회귀분석 : 1개의 종속변수와 1개의 독립변수 사이의 선형관계식을 구하는 분석
다중선형회귀분석 : 1개의 종속변수와 여러 개의 독립변수
사이의 선형관계식을 구하는 분석

식품, 축산물 및 건강기능식품의 유통기간 설정실험 가이드라인(민원인 안내서)

수분활성도

한 온도에서 식품이 나타내는 수증기압(P)과 순수한 물의 수증기압(P0)과 의 비. 식품에 들어있는 물의 자유도를 나타내는 지표

$$Aw = \frac{P}{P_0}$$

식품

의약으로 섭취하는 것을 제외한 모든 음식물(식품위생법 제2조). 인간 또는 동물이 음용할 수 있는 모든 재료와 껌 및 그러한 재료의 성분으로 사용되는 모든 물질(FDA). 사람의 섭취목적으로 가공, 반가공 또는 가공되지 아니한 모든 물질을 의미하며, 음료수, 껌 및 식품의 제조, 가공 및 처리에 사용되어온 물질은 포함되나, 화장품, 담배 또는 약품으로만 사용되는 물질은 제외(국제식품규격위원회, CODEX)

실온저장

식품을 환기장치와 단열만으로 저장하는 방법. 과일류의 호흡을 없애기 위한 간이 저장방법이기도 함. 온도범위는 1~35℃

실측실험

의도하는 유통기한 동안 실제 저장조건 또는 유통조건으로 저장하면서 선정한 지표에 대해 품질한계에 이를 때까지 일정간격으로 실험을 진행하면서 변화를 측정하는 실험

아레니우스 방정식

물질의 품질변화에 대한 온도 의존성을 설명하기 위해 시간과 속도상수로 표현되는 화학반응식. 가속저장실험에서 가속 인자가 열(온도)인 경우에 주로 사용

안전계수

제조사 등이 제품의 사용 조건을 정할 때, 이론치나 실험에 의해서 구할 수 있는 수치의 안전한 사용을 위해 미리 설정한 상한치에 대한 비율. 식품의 경우 실제 유통조건에서 성분 열화(劣化)의 불확실성을 고려하여 제조사가 수용할 수 있는 계수를 정하고, 이론상의 수치보다 적은 유통기한을 상한치로 설정

유통기간

소비자에게 판매가능한 최대기간으로써 설정실험 등을 통해 산출된 기간

용어의 정의

유통기한
제품의 제조일로부터 소비자에게 판매가 허용되는 기한(설정실험 등을 통해 산출된 유통기간 내에서 안전계수 등을 고려하여 설정할 수 있음)

축산물
식육 · 포장육 · 원유 · 식용란 · 식육가공품 · 유가공품 · 알가공품

출장실험
Travel test. 국내외 유통시 문제점을 사전에 파악하여 대처하기 위하여 유통 판매 하고자하는 지역에서 일정기간 실험을 설계하여 수행하는 것

탈수
식품에서 수분을 제거하는 제조공정으로 식품의 무게나 부피를 줄여 수송과 취급을 편리하게 하고, 미생물 생육을 억제하여 저장성을 높이는 방법

통성혐기성균
산소성 또는 무산소성에서 발육할 수 있는 균의 총칭

설정실험 지표
식품, 축산물, 건강기능식품의 유통 및 저장 중 발생하는 미생물학적, 화학적 및 물리학적인 품질 변화를 수치화하여 객관적으로 표현할 수 있는 실험항목(실험항목 중 중금속, 곰팡이 독소, 잔류농약, 동물용의약품, 보존료 등은 식품의 안전성을 확인하는 실험지표로만 활용할 수 있다)

품질특성
유통기간 설정을 위한 지표의 미생물학적, 화학적 및 물리학적 성질

혐기성균
무산소성에서 발육할 수 있는 균의 총칭

호기성균
산소성에서 발육할 수 있는 균의 총칭

혼합
분리된 두가지 이상의 상(相)을 서로 섞이게 하는 불규칙 분배. 서로 혼합하고자 하는 물성에 따라 고체-고체 혼합, 고체-액체 혼합, 액체-액체 혼합, 액체-기체 혼합 등이 있으나, 주로 고체-고체 혼합을 의미

화학적 부패
식품 내부의 탄수화물, 단백질, 지방과 같은 성분들의 반응과 분해에 의해 일어나는 부패. 산화, 산패, 비효소적 갈변, 호화, 노화 등을 포함

활성화 에너지
물질이 반응을 일으키는 데 필요한 최소한의 에너지. 활성화에너지가 크면 그 이상의 에너지를 갖는 분자의 수가 적어 반응이 느리게 진행되고, 활성화 에너지가 작으면 반대로 반응속도가 빨라짐. 이러한 활성화에너지를 낮춰 반응속도를 빠르게 하기 위해서는 촉매가 사용되며, 천천히 진행되도록 하기 위해서는 부촉매가 사용됨.

훈연
목재를 불완전 연소시켜 생기는 연기를 쬐이는 방법. 탈수, 건조와 동시에 훈연성분을 식품에 부여하여 저장성 및 식품의 풍미, 외관 등의 기호성 향상을 도모하는 방법

GMP
Good Manufacturing Practice
"의약품제조품질관리기준"의 약칭으로 의약품의 안정성과 유효성을 품질면에서 보증하는 기본조건으로서의 우수의약품의 제조·관리의 기준을 의미. 또한 건강기능식품의 경우 "우수 건강기능식품제조기준"의 약칭으로 제조업소가 우수한 품질이 보장된 건강기능식품을 제조하기 위하여 준수하여야 할 사항을 설정한 것으로 시설구조·설비, 제조관리, 품질관리 등에 관한 기준

HACCP
Hazard Analysis Critical Control Point
"식품 및 축산물 안전관리인증기준". 식품의 원재료 생산에서 부터 제조, 가공, 보존, 조리 및 유통단계를 거쳐 최종소비자가 섭취하기 전까지 각 단계에서 위해 물질이 해당식품에 혼입되거나 오염되는 것을 사전에 방지하기 위하여 발생할 우려가 있는 위해요소를 규명하고 이들 위해요소 중에서 최종 제품에 결정적으로 위해를 줄 수 있는 공정, 지점에서 해당 위해요소를 중점적으로 관리하는 위생관리 시스템

용어의 정의

pH

수용액의 수소이온 농도에 대한 음의 상용대수값. 산을 첨가하면 수소이온농도가 증가하고 수산화물 이온이 증가하면 수소이온농도가 감소하며, 전기화학적인 방법으로 측정. pH의 범위는 1~14.

※ 상기 정의는 유통기간 설정실험을 위해 참고용으로 작성된 것이며, 법적인 정의가 아님을 참고하시기 바랍니다.

01

유통기한의 개요

01 유통기한의 개요

유통기한이란?

「유통기한」이라 함은 제품의 제조일로부터 소비자에게 판매가 허용되는 기한을 말한다. 신규 품목제조보고(건강기능식품의 경우 품목제조신고) 또는 품목제조보고(신고)사항 변경 시 (유통기한을 연장하려는 경우만 해당한다)제품의 특성에 따라 식품의약품안전처장이 정하여 고시한 기준에 의해 설정한 「유통기한 설정사유서」를 제출하여야 하며, 표시된 유통기한 내에서는 「식품의 기준 및 규격」, 「건강기능식품의 기준 및 규격」에서 정하는 기준 및 규격 적합하여야 한다.

유통기한 설정이 필요한 이유는?

적절한 유통기한의 설정은 제조업체가 생산한 제품의 안전이나 품질이 저하되어 판매할 수 없게 되기까지의 기간을 파악하기 위해서이다. 유통기간 설정실험은 제품에 따라 어려운 과정이 될 수 있으나, 잘못된 유통기한 설정으로 야기될 수 있는 제품 회수 비용보다 저렴할 뿐 아니라 회사의 이미지를 유지하는데 필요하다.

유통기간 설정실험을 수행해야 하는 경우는?

가. 새로운 제품의 개발 시
나. 제품 배합비율 변경 시

식품, 축산물 및 건강기능식품의 유통기간 설정실험 가이드라인(민원인 안내서)

다. 제품의 가공공정의 변경 시
라. 제품의 포장재질 및 포장방법의 변경 시
마. 소매포장 변경 시

유통기간 설정실험 생략이 가능한 경우는?

식품

가. 「식품, 식품첨가물, 축산물 및 건강기능식품의 유통기한 설정기준」
별표 3. 식품의 권장유통기간 이내로 설정하는 경우

나. 유통기한 표시를 생략할 수 있는 식품 또는 품질유지기한 표시 대상 식품에 해당하는 경우(다만, 식품 제조·가공업자가 유통기한을 표시하고자 하는 경우에는 제외)

다. 품목제조보고 제품이 기존 제품과 다음 각 항목이 동일한 경우
　① 식품유형(「식품의 기준 및 규격」 제4. 식품별 기준 및 규격 중 식품유형 정의에 구체적인 식품종류가 나열되어 있는 경우 식품종류까지 동일하여야 한다. 예 : 과자류-과자-비스킷)
　② 성상(예: 분말, 건조물, 고체식품, 페이스트상, 시럽상, 액상식품 등)
　③ 포장재질(예: 종이제, 합성수지제, 유리제, 금속제 등) 및 포장방법(예: 진공, 밀봉 등)
　④ 보존 및 유통 온도
　⑤ 보존료 사용 여부
　⑥ 유탕·유처리 여부
　⑦ 살균(주정처리, 산처리 포함) 또는 멸균 방법

라. 유통기한 설정과 관련한 국내·외 식품관련 학술지 등재 논문, 정부기관 또는 정부출연 기관의 연구보고서, 한국식품산업협회 및 동업자조합에서 발간한 보고서를 인용하여 유통기한을 설정하는 경우

01. 유통기한의 개요

축산물

가. 유통기한이 설정된 제품과 다음 각 항목 모두가 일치하는 제품의 유통기한을 이미 설정된 유통기한 이내로 하는 경우

① 축산물의 유형(「식품의 기준 및 규격」 제4. 식품별 기준 및 규격 중 식품유형 정의에 구체적인 식품종류가 나열되어 있는 경우에는 식품 종류까지 동일하여야 한다, 예 : 식육가공품 - 분쇄가공육제품 - 햄버거패티)
② 성상(예 : 분말, 건조물, 고체식품, 페이스트, 시럽상, 액상식품 등)
③ 포장재질(예 : 종이제, 합성수지제, 유리제, 금속제 등) 및 포장방법(예 : 진공, 밀봉 등)
④ 보존 및 유통온도
⑤ 보존료 사용여부
⑥ 유탕·유처리 여부
⑦ 살균 또는 멸균방법

나. 유통기한 설정과 관련한 국내·외 식품·축산물 관련 학술지 등재 논문, 정부기관 또는 정부출연기관의 연구보고서, 관련 조합 등 에서 발간한 보고서를 인용하여 유통기한을 설정하는 경우

건강기능식품

가. 유통기한이 설정된 제품과 다음 각 항목 모두가 일치하는 신제품의 유통기한을 이미 설정된 유통기한 이내로 하는 경우

① 기능성원료 또는 식품유형(「건강기능식품의 기준 및 규격」의 소분류까지 동일 하여야 함. 한편, 식품유형과 비교할 경우, 사용한 기능성 원료 또는 성분의 경시적 변화 특성에 대한 자료를 추가로 제출하여야 함)
② 성상(예: 캡슐, 정제, 분말, 과립, 액상, 환, 편상, 페이스트상, 시럽, 젤, 젤리, 바, 필름)
③ 포장재질(예: 종이제, 합성수지제, 유리제, 금속제 등) 및 포장방법(예: 진공, 밀봉 등)
④ 보존 및 유통온도

⑤ 보존료 사용여부
⑥ 유탕·유처리 여부
⑦ 살균 또는 멸균방법

나. 유통기한 설정과 관련한 국내·외 식품 관련 학술지 등재 논문, 정부기관 또는 정부출연 기관의 연구보고서, 한국식품산업협회, 한국건강기능식품협회 및 동업자조합에서 발간한 보고서를 인용하여 유통기한을 설정하는 경우

유통기한에 영향을 주는 사람은?

가. 원재료 생산자

생산단계에서의 원료 품질은 제품의 품질이나 유통기한 설정에 중요한 역할을 하다. 따라서 원료생산자는 제조업자가 원하는 사양을 준수하여 생산관리 함으로써 제품의 일정한 품질을 유지시켜야 한다.

나. 원재료 공급자

제조업자가 원하는 정확한 원재료를 제공하여 최종 제품의 사양을 충족할 수 있도록 한다. 원재료 공급자는 적절한 포장방법과 운송방법(온도조절 등)을 이용하여 일정한 품질의 원재료를 공급하여야 한다.

다. 제조업자

제품에 적합한 유통기한을 설정할 책임이 있다. 설정된 유통기한은 객관적인 판단과 평가를 바탕으로 해야 하며, 유통기한을 짧게 또는 길게 잡으려는 유통업체의 압력에 영향을 받아서는 안 된다.

01. 유통기한의 개요

라. 유통업자

식품, 축산물, 건강기능식품을 제조공장에서 소매업체로 운송한다. 식품, 축산물, 건강기능식품을 저장시설 내에 안전하게 저장하고, 적절한 온도 운송체계를 갖추는 것이 필수적이다. 운송지연, 포장손상 및 운송 중 다른 제품으로부터의 오염 등에 주의하여야 한다.

마. 소매업자

제품이 소비자에게 전달되기 직전까지의 저장, 진열, 취급, 판매를 담당한다. 소매업자는 유통기한이 지난 제품을 진열 판매대에서 회수하여야 하고 제조업체에서 정한 취급방법에 따라 제품을 저장해야한다.

바. 소비자

유통의 최종단계로서 저장조건을 준수하여 제품을 보관하는 것이 중요하다. 소비자는 제품에 명시된 표시사항을 지키고 신중한 식품, 축산물, 건강기능식품의 취급습관을 길러 식품, 축산물 및 건강기능식품 품질이 최상일 때 안전하게 먹을 수 있도록 하여야 한다.

유통기한 설정과 관리에 책임이 있는 사람은?

제품이 품질변화 없이 유지될 수 있는 기간이 얼마인지를 설정할 책임은 식품, 축산물, 건강기능식품 제조업자에게 있으며, 설정된 유통기한이 유지될 수 있도록 관리할 책임은 원재료 생산자, 원재료 공급자, 포장업자, 유통업자, 도·소매업자, 소비자 모두에게 있다.

유통기한 설정을 위해 요구되는 사항은?

유통기한 설정은 제품의 안전과 회사의 지속적인 품질에 대한 책임을 반영한다. 식품,

식품, 축산물 및 건강기능식품의 유통기간 설정실험 가이드라인(민원인 안내서)

축산물, 건강기능식품의 유통기한 설정을 위해서는 다음과 같은 시설, 인력 및 관리체계를 유지하여야 한다.

    가. 유통기간 설정실험을 위한 실험시설
        (1) 실험에 적절한 저장시설(온·습도조절이 가능한 저장고 등)
        (2) 미생물 실험시설
        (3) 이화학 실험시설
        (4) 관능검사 시설

    나. 유통기간 실험계획, 유통기간 실험결과, 결과 분석 및 해석이 가능한 전문인력

    다. 유통기간 설정실험 업무의 체계적 수행을 위한 관리체계

유통기한의 최종 결정시 참고할 자료는?

    가. 식품위생법 시행규칙 제45조 제1항제3호, 축산물 위생관리법 시행규칙 제37조 제1항제3호, 건강기능식품에 관한 법률 시행규칙 제8조제1항제1호, 「식품, 식품첨가물, 축산물 및 건강기능식품의 유통기한 설정기준(최근 고시)」 등 관련 법규 등
        ※ 식약처 홈페이지/법령·자료/고시·훈령·예규/고시전문 검색창 내 검색

    나. 식약처 등 관련기관의 가이드라인

    다. 주요 학회지에 발표된 연구 논문 및 정부기관 또는 정부출연기관의 연구보고서

    라. 자사에서 정한 품질기준 및 규격

    마. 시장정보(유사제품 등)

02

유통기간 설정실험 지표

02 유통기간 설정실험 지표

식품, 축산물, 건강기능식품의 부패 형태와 주요 요인

가. 모든 식품, 축산물, 건강기능식품은 본질적으로 시간의 흐름에 따라 변질·부패되기 마련이다. 부패는 여러 방식으로 정의될 수 있으나, 식품, 축산물, 건강기능식품의 부패란 소비자들이 더 이상 섭취할 수 없는 정도로 변질된 것을 말한다. 일반적인 의미의 부패는 단순히 색깔, 풍미, 조직감, 향 등이 변하여 소비자가 더 이상 섭취할 수 없게 되는 것, 식품, 축산물, 건강기능식품 중의 비타민 등과 같은 영양소가 파괴되어 표시된 함량을 유지하지 못하는 것을 말하며, 가장 심각한 의미의 부패는 식품으로 인해 소비자들이 발병이나 사망에 이르러 식품안전 문제를 일으키는 것이다. 이에 식품, 축산물, 건강기능식품 제조업자들은 배합 비율, 가공 처리, 포장, 저장, 취급 등을 통하여 이러한 변질·부패 속도를 가능한 늦추려는 노력을 하고 있다.

나. 식품, 축산물, 건강기능식품의 부패로 발생되는 주요 3가지 변화는 물리적 부패(physical spoilage), 화학적 부패(chemical spoilage) 및 미생물학적 부패(microbiological spoilage)이다. 이러한 식품, 축산물, 건강기능식품 부패를 일으킬 수 있는 요인들은 여러 가지가 있으며, 표 1에서는 식품 및 축산물의 유형에 따라 부패를 일으키는 주요 요인들과 부패의 형태를 분류하여 정리하였다.

표 1. 식품 및 축산물 유형별 변질·부패의 주요 형태 및 요인

식품 및 축산물유형	변질·부패 형태	주요 요인
우유	산화, 가수분해형 산패, 세균발육	산소, 온도, 빛, 금속
분유	산화, 갈변화, 응고	산소, 습도, 온도
유제품	산화, 산패, 유당결정화	산소, 온도, 빛, 금속
아이스크림	빙결정, 유당결정화, 산화	산소, 온도
쇠고기	세균발육, 산화, 수분 손실, 색 손실	산소, 온도, 빛, 습도
닭고기	세균발육, 병원균, 관능품질, 효소저하, 물리적 부패	산소, 온도
어류/수산물	세균발육, 산화	산소, 온도
과일	효소성 연화, 세균 발육, 수분 손실	산소, 온도, 빛, 습도
야채	효소 활성, 세균발육, 수분 손실	산소, 온도, 빛, 습도
빵	수분이동, 전분 노화, 세균·곰팡이 발육, 산패	산소, 온도, 습도
초콜릿	당결정, 지방결정, 산화	산소, 온도, 습도
커피/차	산화, 휘발성 향기성분 손실	산소, 빛, 습도
향신료/설탕/소금	색·향 손실, 덩어리화	산소, 빛, 습도
캔디	수분 이동, 당결정	온도, 습도
튀김식품	산패, 수분증가	산소, 온도, 빛, 금속
치즈	세균·곰팡이 발육, 수분 손실, 산화, 비효소적 갈변, 유당결정화	산소, 온도
건조식품	영양소 손실(비타민C, B1, 라이신), 수분 증가 비효소적갈변, 산화, 색소분해	산소, 온도, 습도
탈지분유	비효소적 갈변	습도
시리얼	수분이동, 산화, 전분 노화, 파손	산소, 온도, 습도
파스타	수분증가, 색소손실, 산화, 전분 노화 영양소 손실(비타민B1, 단백질)	습도
농축주스	영양소 손실(비타민C, A), 세균/곰팡이 발육, 색·맛·탁도 손실	산소, 온도
과실/채소 통조림	색·맛·조직감 손실, 영양소 손실	온도
기타 냉동제품	산화, 빙결정, 조직 변화	산소, 온도

(Kilcast and Subramanian(2000), Labuza and Szybist (2001), Open shelf-life dating of foods NTIS (1979))

02. 유통기간 설정실험 지표

유통기한에 영향을 주는 요인들

식품, 축산물, 건강기능식품은 수분, 탄수화물, 지방, 단백질 등 다양한 성분을 함유하고 있다. 이 때문에 개별 제품의 유통기한을 정하기 위해서는 이에 영향을 미치는 구체적인 요인들을 정확하게 식별하는 것이 중요하다. 현재 개발 중인 제품이 시판중인 제품과 유사하거나 동일한 것처럼 보이는 제품이라도 유통기한 정보를 사용하고 해석할 때는 각별한 주의를 기울여야 한다.

제품의 유통기한은 여러 가지 요인들에 의하여 영향을 받을 수 있고 이러한 요인들은 일반적으로 내부적 요인과 외부적 요인으로 나눌 수 있다. 내부적 요인과 외부적 요인들은 서로 상호작용할 수 있으며, 그 결과는 유통기한을 연장시킬 수도 단축시킬 수도 있다. 식품, 축산물, 건강기능식품의 유통기한에 영향을 미치는 내부적 요인과 외부적 요인은 표 2와 같다.

표 2. 유통기한에 영향 미치는 내부적, 외부적 요인

내부적 요인	외부적 요인
• 원재료 • 제품의 배합 및 조성 • 수분함량 및 수분활성도 • pH 및 산도 • 산소의 이용성 및 산화환원 전위	• 제조공정 • 위생수준 • 포장재질 및 포장방법 • 저장, 유통, 진열조건 (온도, 습도, 빛, 취급 등) • 소비자 취급

1) 내부적 요인

가. 원재료

원재료는 최종제품의 품질 일관성, 오염물질 수준 및 관능적 특성을 결정한다. 따라서 식품, 축산물, 건강기능식품의 안전과 위생을 위하여 법적기준을 준수하는 원료와 성분을 사용하여야 하며, 원료를 납품받는 경우 원재료 품질을 증명할 수 있는 서류(원산지증명, 시험성적서 등)를 공급업자로부터 제공받아야 한다.

나. 성분 배합 및 조성

사용하는 원재료의 종류와 원재료간 혼합 시 일어나는 반응 및 배합비율 오차 등은 미생물 생육에 영향을 줄 수 있다. 또한 희석제, 안정제, 유화제, 항산화제, 효소 등의 식품첨가물의 사용은 식품, 축산물, 건강기능식품의 유통기한뿐만 아니라 식품, 축산물, 건강기능식품 특성에 영향을 미칠 수 있다.

다. 수분함량 및 수분활성도

수분활성도(Aw)란 동일한 온도에서 순수한 물의 수증기압(P0)과 식품이나 용액의 수증기압(P)의 비율을 말한다. 끓는점, 어는점, 평형상대습도 및 삼투압과 관련이 있다.

$$Aw = P / P0$$

쉽게 말해, 미생물이 이용할 수 있는 식품, 축산물, 건강기능식품 내 수분의 양이라고 표현할 수 있다. 이는 수분활성도가 용액 내 분자나 이온의 수에 의존하는 분자적 특성을 갖기 때문이다. 미생물은 세포질의 구조적 안정성과 물질 대사 과정을 위해 수분을 필요로 한다. 그런데 미생물의 세포막은 선택적 반투과성이기 때문에 용질의 농도가 증가하면 최대값 이하에서 수분활성도는 감소되어 세포로부터 물을 끌어내면서 내·외부의 수분활성도 값이 동일해질 때까지 세포의 내용물이 농축될 것이다. 이러한 농축에 의해 미생물의 물질대사과정이 늦어지거나 생육이 정지된다. 따라서 수분활성도는 미생물 생육의 잠재성 및 품질저하와 관련된 식품, 축산물 및 건강기능식품의 안정성을 표현하는데 사용된다. 대부분의 미생물은 수분활성도 0.6이하에서는 생육할 수 없고 0.9이상에서 생육이 가능하다. 식품, 축산물, 건강기능식품 의 수분활성도는 다음과 같이 분류된다.

- 고 수분활성도 (>0.92)
- 중간 수분활성도 (0.85~0.92)
- 저 수분활성도 (<0.85)

단, 제조 시 사용된 소금, 설탕 같은 성분과 건조, 절임, 조리 등과 같은 가공 기술은 수분활성도에 영향을 미치므로, 수분활성도 값을 제품 안정성에 대한 절대 값으로 간주해서는 안 된다.

라. pH와 산도

식품, 축산물, 건강기능식품의 pH는 유통기한, 특히 미생물학적 부패에 영향을 미칠 수 있다. 미생물은 일정한 pH 범위에서 생육하고 번식한다. 일반적으로 pH 4.6 이하인 식품, 축산물 및 건강기능식품에서 클로스트리디움 보툴리눔(*Clostridium botulinum*)은 자랄 수 없다고 알려져 있다. pH에 따라 식품, 축산물, 건강기능식품은 다음과 같이 분류할 수 있다.

- 강 산성 (pH 〈 3.5)
- 중간 산성 (pH 3.5~4.5)
- 약 산성 (pH 〉 4.5)

이외에도, 산의 본질은 보존 및 유통기한에 영향을 미친다. 예를 들어, 산성 보존료가 첨가된 제품의 보존력은 비해리 분자에 의한 것이고 pH가 낮을수록 비해리 정도도 낮아지기 때문에 보존력에 영향 미치는 pH 효과를 고려해야 한다.

마. 산소의 이용성 및 산화환원 전위

산소 이용 환경은 미생물의 생존과 생육에 필수적이다. 산소 이용성은 환경의 산화환원 전위나 식품, 축산물, 건강기능식품의 산화환원 반응에 영향을 미쳐 유통기한에 영향력을 갖게 되며, 산화환원전위(Eh)는 전자를 얻거나 잃음으로써 안정된다. 산화환원전위(Eh)는 미생물 생육에 필요한 산소 요구에 의해 달라진다. 이에 산소요구에 따라 미생물을 다음과 같이 분류하기도 하나, 제품의 안정성을 평가하기 위해 단독으로 산화환원전위(Eh)를 사용하지는 않는다.

- 호기성균 (+500 ~ +300mV)
- 혐기성균 (+100 ≤ -250mV)
- 통성혐기성균 (+300 ~ -100mV)

미생물의 산소이용정도를 이용하여 공기조절 또는 진공포장을 사용하거나 식품, 축산물, 건강기능식품 주변에 공기를 제거함으로써 유통기한을 연장할 수 있다. 그러나 몇몇 혐기성 세균들은 산소가 없는 상황에서 생육할 수 있기 때문에 생산과정에서부터 철저한 미생물 관리가 필요하다.

2) 외부적 요인

가. 제조공정

제조공정이란 혼합, 가염, 훈연, 발효, 가열, 냉각, 냉동, 탈수, 고온살균 등 제품 제조 시 가공 처리되는 모든 공정을 포함한다. 가공을 하는 중요한 이유 중 하나는 보존과 유통기한의 연장이다. 적절한 공정의 선택은 최종제품의 유통기한을 개선할 수 있다. 외관, 향미, 유통기한 등을 일정하게 유지하기 위해 원료의 양과 품질 및 제조공정단계는 항상 동일하게 유지되어야 한다.

나. 위생수준

식품, 축산물, 건강기능식품의 위생수준은 식품, 축산물, 건강기능식품 제조공정 중 환경으로부터 화학적, 물리적, 미생물학적 오염을 최소화 하는 데 영향을 미치므로, 식품, 축산물, 건강기능식품의 안전성과 유통기한을 유지하고 증명하는데 도움이 되는 GMP 및 HACCP 등을 참고한 안전시스템을 운영하는 것이 바람직하다.

다. 포장재질 및 포장방법

포장은 저장, 판매, 유통 등의 단계를 거치는 동안 오염물질로부터 제품을 보호할 뿐만 아니라 식품, 축산물, 건강기능식품의 안전, 품질 및 유통기한에 영향을 미치므로, 가공공정 외에 적절한 포장재질과 포장방법의 선택은 중요하다. 또한 사용된 포장 방법이 미생물의 생존, 생육, 감소 또는 제거 등에 어떠한 영향을 줄 것인지도 판단해야하므로, 전문가로부터 자문을 구하여 적절한 포장재질이나 포장방법을 선택하는 것이 바람직하다.

라. 저장, 유통 및 진열

저장, 유통 및 진열 시 온도, 상대 습도, 빛과 같은 조건들은 제품의 품질과 유통기한에 영향을 미칠 수 있다. 특히, 정해진 저장온도를 지키지 않는 것은 미생물 생육, 조직감, 물성 변화 등을 초래할 수 있으므로 유통기한 설정의 실험조건으로 포함되어야 한다.

02. 유통기간 설정실험 지표

마. 소비자

소비자가 제품을 구매하여 실제로 섭취할 때까지의 취급방법은 제조사가 설정한 유통기한을 유지하는데 중요한 요인이다. 따라서 제조사는 제품 포장에 저장온도와 소비자가 안전하게 섭취할 수 있는 취급방법을 명확히 표시하는 것이 좋다.

바. 내부적 요인 및 외부적 요인의 상호작용

위에 언급된 내·외부적 요인들은 상호작용하여 조합되는 내용에 따라 유통기한에 미치는 효과가 다르게 나타나므로, 특정 단일요인 1가지가 유통기한에 영향을 줄 것으로 판단하는 것은 바람직하지 않다.

설정실험 지표의 선정, 실험, 해석

1) 설정실험 지표 선정의 필요성 및 활용

가. 유통기한을 과학적으로 설정하기 위해서는 개별 식품, 축산물, 건강기능식품의 특성이 충분히 반영된 객관적인 설정실험 지표를 선정할 필요가 있다.

나. 객관적인 설정실험 지표란, 이화학적, 미생물학적 실험 등에서 수치화가 가능한 지표를 말한다. 주관적인 설정실험 지표로는 색, 향미 등을 측정하는 관능적 지표가 있는데 적절하게 관리된 환경에서 훈련된 평가원(패널)에 의해 정해진 방법에 따라 실시된다면 관능검사의 지표도 객관적인 항목으로 사용할 수 있다.

다. 유통기간 설정을 위한 설정실험 지표는 식품, 축산물, 건강기능식품의 특성에 따라 이화학적, 미생물학적, 관능적 지표로서 설정되어야 하며, 이들 지표는 다음 특성을 갖추어야 한다.
- 측정이 용이하고 재현성이 있을 것
- 관능적 품질평가와 잘 일치할 것
- 낮은 반응차수(n=0, 1)를 가질 것

- 위생적인 특성을 고려할 것
- 영양적인 특성을 고려할 것

라. 언급된 조건에 적합한 설정실험 지표를 선정하더라도 정확한 유통기한을 얻기 위해서는 실험결과의 신뢰성과 타당성이 확보되는 조건에서 실시해야 하고, 선정된 설정실험 지표의 개별특성 뿐만 아니라 지표간 연관성을 종합적으로 판단해야 한다.

2) 실험지표 실험의 종류

가. 이화학적 실험

제품의 제조일부터 품질변화를 이화학적 분석법에 의해 평가하는 것이다. 식품, 축산물, 건강기능식품의 특성을 반영하는 지표를 선택하여 측정한다. 단순한 이화학적 실험에서부터 정밀 기기분석에 의한 정량까지 다양하다. 수분, 산가, TBA가, pH, 산도, 당도, 영양성분, 비타민류, 지방산 분석 등을 들 수 있다. 실험법은 국내·외적으로 법규에서 정한 공인된 공정서의 실험법을 사용해야 하며, 없는 경우 학술지 게재 실험법(논문제시), 필요한 경우 적절한 검증과 문서화를 거쳐 개발된 방법(관련자료 첨부)을 사용할 수 있다.

나. 미생물학적 실험

제품의 제조일부터 품질변화를 미생물학적 분석법에 의해 평가하는 것이다. 식품, 축산물, 건강기능식품의 종류, 제조방법, 온도, 시간, 포장 등의 보존 조건에 따라 효과적인 평가를 기대할 수 있는 미생물학적 지표를 선택한다. 일반적 지표로서는 일반세균수, 대장균, 대장균군, 진균수, 식중독균(살모넬라, 황색포도상구균, 바실러스 세레우스 등), 유산균수 등을 들 수 있다. 객관적인 지표(수치)로서 표현되는 것이 가능해야 과학적인 근거로서 사용할 수 있다. 이화학적 실험과 마찬가지로 실험법은 국내·외적으로 법규에서 정한 공정서의 실험법을 사용해야 하며, 없는 경우 학술지 게재 실험법(논문제시), 필요한 경우 적절한 검증과 문서화를 거쳐 개발된 방법(관련자료 첨부)을 사용할 수 있다. 연구의 목적으로 식품 및 축산물 내 병원균의 잠재적 위해결정을 위하여 연구 중인 검체에 의도적으로 미생물을 주입하는 미생물학적 모의시험(microbiological challenge testing)을 사용할 수 있다. 품질규격은 식품, 축산물 및 건강기능식품의 종류에 따라 허용된 법적 규격을 따르거나, 법적 규격이 없는 경우 수 년 간의 경험에 근거한 제조사의 내부 품질규격 등을 사용할 수 있다. 단, 설정의 타당한 근거가 있어야 한다.

다. 관능 검사

제품의 제조일부터 품질변화를 관능적 검사법에 의해 평가하는 것이다. 즉, 제품의 특성을 사람의 시각·미각·후각·청각·촉각 등의 감각을 이용해 훈련된 또는 유경험 및 무경험 평가원(패널)(제품 개발에 밀접하게 참가한 사람 제외)과 제품에 적절한 검사방법으로 평가하는 것이다. 최근에는 측정기기를 이용하여 향미, 색, 조직감 등을 측정하기도 하나, 측정기기로부터 얻어진 결과와 관능검사로부터 얻은 결과간의 연관성을 고려하여야 한다. 결과는 통계학적 해석기법을 사용해야 한다. 단, 검체의 미생물학적 안전이 보장되지 않는다면, 맛 실험이 포함된 관능평가를 수행해서는 아니 된다.

라. 물리학적 실험

이화학적, 미생물학적, 관능적 실험 이외에 다른 실험이 필요할 수 있다. 예를 들어, 비스킷이나 스낵의 바삭함 정도를 결정하기 위한 경도, 소스의 점성을 측정하기 위한 점도 실험 등이 있다. 이 방법들은 널리 사용되는 것은 아니지만 특정 식품, 축산물, 건강기능식품에 있어서는 중요할 수 있다. 또한 일부 플라스틱의 균열, 평판 알루미늄의 작은 구멍, 캔 재질의 결함 등 포장재 검사는 꼭 필요한 사항이다. 기후조건 또한 포장재의 물리학적 특성에 큰 영향을 줄 수 있다. 수출을 목적으로 하는 경우 수출국의 기후조건에 적합한 포장재를 선택하기 위해서는 단순 시각검사 뿐만 아니라, 진동, 충격, 압력 등의 실험이나 출장실험을 실시하여 제품의 잠재적 불안정성을 확인할 수 있다.

표 3. 설정실험 지표에 이용될 수 있는 실험항목들

구분	실험항목
이화학적	수분, 수분활성도, pH, 산가, TBA가, 휘발성염기질소(VBN), 산도, 당도, 영양성분(비타민 등), 기능성분(또는 지표성분) 등
미생물학적	세균수, 대장균, 대장균군, 곰팡이수, 진균수, 유산균수 식중독균(바실러스 세레우스, 장염비브리오균, 살모넬라, 황색포도상구균, 클로스트리디움 퍼프리젠스, 리스테리아, 모노사이토제네스) 등
물리학적	점도, 색도, 탁도, 용해도, 경도, 비중 등
관능적	외관(곰팡이, 드립, 침전물, 케이킹, 분리상태, 색택, 외형 등) 풍미(향, 냄새, 산패취 등), 조직감(물성, 점성, 표면균열, 표면 건조 등), 맛 등

※ 필요시 해당 품목의 기준 및 규격(공통규격 포함)을 설정실험 지표로 추가할 수 있다.

3) 결과의 해석

가. 설정실험 지표에 대한 이화학적, 미생물학적, 관능적 실험결과는 식품, 축산물, 건강기능식품의 품질변화에 대해 시간과 반응속도상수로 표현되는 화학반응식(아레니우스 방정식 등)을 사용하여 해석할 수 있다.

나. 미생물이 주요 지표인 제품인 경우, 수학적 방정식을 이용한 상용화된 예측 프로그램을 이용할 수 있으나, 실제 적용에 한계가 있으므로 유통기간 설정실험을 위한 준비 단계에서만 활용하는 것이 좋다.

다. 관능검사 결과도 다양한 통계적, 그래프식 해석방법을 사용할 수 있다. 필요에 따라 화학 및 제약 산업에서 사용되고 있는 Weibull Hazard법 등을 사용할 수 있다.

안전계수의 설정

가. 결정된 유통기간의 재현성과 신뢰도는 식품, 축산물, 건강기능식품의 내부적 또는 외부적 특성에 의해 영향을 받는다. 따라서 설정된 유통기간은 매번 100% 재현성을 나타내기 어렵고, 정확한 시간과 날짜에 종료되는 절대 값이 아니기 때문에 평균 저장기간에 근접하게 시간과 날짜를 설정하는 장치가 필요하다.

나. 통상적으로 식품, 축산물, 건강기능식품의 특성에 따라 설정된 유통기간에 대해 1 미만의 계수(안전계수)를 적용하여 실험을 통해 얻은 유통기간보다 짧은 기간을 설정하는 것이 기본이다.

　　예) 20개월(실험결과 유통기간) × 0.7(안전계수)
　　　　= 14개월(제품표시 유통기한)

다. 적용할 안전계수의 최종 결정은 제조사의 유통기한 관리방향과 위험 수용도에 따라 결정한다.

정보의 제공

유통기한 표시를 실시하는 제조업자 등은 유통기한 설정의 근거 자료 등을 정리·보관하고, 소비자 등으로부터 요구가 있을 경우에는 정보를 제공할 수 있도록 해야 한다.

03

유통기간 설정실험

03 유통기간 설정실험

실측실험이란?

제조사가 의도하는 유통기한의 약 1.3~2배 기간 동안 실제 보관 또는 유통 조건으로 저장하면서 선정한 설정실험 지표가 품질한계에 이를 때까지 일정간격으로 실험을 진행하여 얻은 결과로부터 유통기한을 설정하는 것을 말한다. 제품의 유통기한을 가장 정확하게 설정할 수 있는 원칙적인 방법이다. 별도의 통계처리가 필요하지 않아 초보자도 쉽게 접근할 수 있으며, 시간, 비용 등 경제적인 측면에서 3개월 이내의 비교적 유통기한이 짧고 유통조건이 단순한 제품에 효율적이다.

실측실험의 한계

가. 실측실험은 정확한 유통기간 설정을 위한 원칙적인 방법이지만, 3개월 이상의 유통기한을 가진 제품인 경우, 실험시간과 비용이 많이 소요된다.

나. 예정된 보관 또는 유통 조건이 바뀌면 새롭게 실험을 설계하여 수행해야 하고, 예측은 불가능하다.

가속실험이란?

실제 보관 또는 유통조건보다 가혹한 조건에서 실험하여 단기간에 제품의 유통기한을 예측하는 것을 말한다. 즉, 온도가 물질의 화학적, 생화학적, 물리학적 반응과 부패 속도에 미치는 영향을 이용하여 실제보관 또는 유통온도와 최소 2개 이상의 비교 온도에 저장하면서 선정한 설정실험 지표가 품질한계에 이를 때까지 일정 간격으로 실험을 진행하여 얻은 결과를 아레니우스 방정식(Arrhenius equation)을 사용하여 실제 보관 및 유통 온도로 외삽한 후 유통기한을 예측하여 설정하는 것을 말한다. 계산과정이 어렵고 복잡하여 초보자가 접근하기는 쉽지 않지만, 시간, 비용 등 경제적인 측면에서 3개월 이상의 비교적 유통기한이 길고 유통조건이 복잡한 제품에 효율적이다.

가속실험의 한계

가. 온도 증가에 따라 물리적 상태 변화가 일어날 수 있으며(예, 고체지방의 용해), 이 변화는 유통기한 설정에 관여하는 반응속도에 영향을 주어 예상치 못한 결과를 초래할 수 있다.

나. 불투과성 포장재질로 포장되지 않은 제품의 경우, 수분 손실로 인한 반응속도의 증가로 예상치 못한 결과를 초래할 수 있다.

다. 냉동 저장동안, 반응물은 동결되지 않은 부분에 농축될 수 있어 실험구보다 더 낮은 온도에 저장되는 대조구에서 더 높은 반응속도를 초래할 수 있다(예: 냉동육의 지방산화).

라. 45℃이상의 높은 온도에서는 단백질 변성 등의 변화로 반응속도가 증가 또는 감소되어 잘못된 예측 결과를 초래할 수 있다.

마. 가속실험은 각각 다른 온도조건에 관련된 변질이기 때문에, 미생물 실험 시 저장온도에 따라 최적온도에 해당하는 부패 미생물이 생육할 수 있다.

바. 가속실험의 기초가 되는 아레니우스 방정식은 온도만을 단일 변수로 사용하는 경우에는 정확도가 높지만, 2개 이상의 변수(온도, 습도, 염, pH 등)를 적용하는 경우에는 적합하지 않을 수 있다.

03. 유통기간 설정실험

실측실험과 가속실험의 선택범위는?

가. 유통기한 3개월 미만의 식품, 축산물 및 건강기능식품 :
   실측실험(검체특성에 따라 가속실험 검토)

나. 유통기한 3개월 이상의 식품, 축산물 및 건강기능식품 :
   가속실험(검체특성에 따라 실측실험 검토)

   ※ 식품, 축산물, 건강기능식품의 유통기간 설정실험은 원칙적으로 실측실험이 우선이다. 그러나 제품의 특성, 출시일정, 경제성 등 효율적인 측면에서 가속실험을 선택하여 유통기한을 설정하였다면, 반드시 실측실험을 통해 가속실험으로부터 예측한 결과가 정확한 것인지 확인할 필요가 있다.

실험의 수행

가. 검체준비

(1) 일반사항

① 현재 시판하고자 하는 최종 제품의 형태로 가공·포장된 것을 검체로 준비한다.

② 검체와 포장재질에 사용된 성분의 특성 및 부패와 잠재적 위해요소 등과 같은 관련 정보를 알고 있어야 한다.

③ 검체의 생산이 실험실 또는 공장 규모에 관계없이 검체의 준비과정은 적절하게 계획되고 기록되어야 한다.

④ 검체는 대표성을 갖도록 무작위로 선별하여 준비하는 것이 좋다.

⑤ 검체수는 실험에 필요한 대조구와 실험구 수를 고려하여 준비한다. 특히, 저장기간 동안 기대되지 않은 변화 발생 시 수행해야 할 재실험이나 관능검사 시 검사방법과 평가원수(패널)를 고려하여 실험 종료 시까지 충분히 실험할 수 있는 양을 준비하는 것이 유용하다. 통상 이론치의 20~50%정도의 여유를 두어 저장한다.

⑥ 검체는 불투과성 재료로 포장되어야 한다. 가속실험에서 일부 성분은 수분활성도에 영향을 받으므로 불완전한 포장은 상대습도로 인해 잘못된 결과를 초래할 수 있다.

식품, 축산물 및 건강기능식품의 유통기간 설정실험 가이드라인(민원인 안내서)

> **알아두기**
>
> • **대조구**
>
>   ㉠ 안정적 대조구 : 냉장, 냉동, 공기조성 조절과 같이 시간경과 후에도 변화를 최소화할 수 있는 조건하에 저장된 제품. 만일, 변화를 최소화할 수 있는 저장조건에 없었다면 이 형태의 대조구는 사용할 수 없음. 관능검사에서 차이검사(difference test)를 선택했다면 각 실험날짜에서 실험을 수행할 대조구가 필요하기 때문에 이 형태의 대조구가 필요함.
>
>   ㉡ 통계적 대조구 : 0시점 관능검사에서 얻은 수치 값을 대조구로 사용. 차이검사(difference test)를 선택하였다면 이 형태의 대조구는 사용할 수 없음.
>
>   ㉢ 신선 대조구 : ㉠ ㉡과 같이 실행할 수 있는 대조구가 없다면, 각 날짜에서 얻어진 신선 대조구를 사용할 수 있으나, 이 형태의 대조구는 배치(batch)간 차이가 최소라는 점을 확인한 후 사용 가능함.
>
> • **실험구**
>
>   ㉠ 실험에 사용될 실험구는 의도하는 제품을 대표하는 것으로 최종제품의 형태로 가공·포장된 것이어야 함.
>
>   ㉡ 실험구는 대조구와 동일한 배치(batch)에서 얻어야 함. 이것을 실행할 수 없어 여러 가지 배치(batch)를 사용한다면 변이의 위험성이 증가되어 대조구와 실험구간 차이가 모호하게 됨.
>
>   ㉢ 실험구 및 대조구는 생산일자나 생산장소 등이 동일하거나 근접해야 함.
>
>   ㉣ 실험구와 대조구를 증명하기 위해 실험의 0시점에서 선택한 실험방법에 따라 초기실험 및 관능검사가 수행되어야 함.

(2) 관능검사용

① 가장 먼저 고려해야 할 사항은 검체가 미생물학적으로 안전한 것인지를 확인하는 것이다(세균수, 대장균군 등 확인). 안전한 것으로 확인되지 않았다면 어떠한 검체에 대해서도 평가원(패널) 섭취 실험이 포함된 관능검사를 진행하여서는 아니 된다.

② 미생물학적 안전이 확인되면 검체는 준비된 실험계획 안에 따라 준비한다.
   • 일반적으로 뜨겁게 소비되는 제품은 동일한 방법으로 준비하여 제공한다.
   • 분리된 조각으로 소비되는 제품을 균질하게 분쇄하여 제공해서는 안 된다.
   • 각각의 평가원(패널)에게 주어진 검체들의 크기와 성분은 최대한 동일하게 분배되도록 주의한다.

③ 외관 평가 시에는 빛의 조건을 구체화 한다.

④ 검사용기는 제품에 영향을 주지 않는 것으로 선택한다. 세척 가능한 도자기, 유리, 일회용 플라스틱, 종이, 뜨겁거나 차가운 재료를 위한 단열용기도 사용할 수 있다. 단, 냄새와 화학물질 등을 옮기지 않도록 해야 한다.

⑤ 입안세척제는 검체사이, 기간사이에 평가원(패널)들이 사용할 수 있으나, 평가되는 제품 향미에 영향을 주지 않도록 해야 한다. 물, 탄산수, 저자극 식품(소금기 없는 크래커)은 사용할 수 있다.

나. 저장조건

(1) 저장온도

① 실측실험

저장온도는 제조 후 보관, 유통, 진열, 소비 전 보관 등 제조에서 소비에 이르기까지 일어날 수 있는 조건들을 고려하여 최소 2개의 온도 즉, 유통온도와 비교온도를 설정한다.

> **알아두기**
> - 유통온도 : 제품의 대표적인 유통온도 조건을 선택함.
> - 비교온도 : 극단의 환경, 여러 유통단계에서 소비된 시간을 참조하여 적절한 비교온도를 결정함. 비교온도에서 얻은 실험결과는 적절한 안전계수 설정에 활용 가능

위의 조건설정이 불가능하다면, 다음의 조건을 참고하여 설정한다.

식품, 축산물 및 건강기능식품의 유통기간 설정실험 가이드라인(민원인 안내서)

구분	유통온도	저장온도	상대습도
상온 유통제품	15~25℃	* 유통온도 : 25℃ 　비교온도 : 15℃	75%
실온 유통제품	1~35℃	* 유통온도 : 35℃ 　비교온도 : 25℃	90%
냉장 유통제품	0~10℃	* 유통온도 : 10℃ 　비교온도 : 15℃	90%이상
냉동 유통제품	-18℃이하	* 유통온도 : -18℃ 　비교온도 : -10℃	100%

* 유통온도 : 반드시 제품의 대표 유통온도를 포함하여 저장조건을 설정
　비교온도 : 제시된 온도 이외에 해당 제품의 실제 유통환경에서 수집된 온도 정보가 있는 경우, 그 온도를 참고하여 설정하는 것도 가능
* 수출제품의 경우 수출국의 규정을 참고하여 설정

② 가속실험

저장온도는 정확한 예측을 위해 최소 3~4개의 온도가 필요하므로, 제품의 저장은 유통온도 외에 최소 2개 이상의 온도를 추가하여 설정한다.

구분	유통온도	저장온도	상대습도
상온 유통제품	15~25℃	• 대조구(유통온도) : 25℃ • 실험구 : 15~40℃ 범위 내 5℃ 또는 10℃간격으로 최소 2개 온도이상	75%
실온 유통제품	1~35℃	• 대조구(유통온도) : 35℃ • 실험구 : 15~45℃범위 내 5℃ 또는 10℃간격으로 최소 2개 온도이상	90%
냉장 유통제품	0~10℃	• 대조구(유통온도) : 10℃ • 실험구 : 15~40℃범위 내 5℃ 또는 10℃간격으로 최소 2개 온도이상	90% 이상
냉동 유통제품	-18℃이하	• 대조구(유통온도) : 　-40℃ 또는 -25℃ 또는 -18℃ • 실험구 : -5~-30℃ 범위 내 5℃ 또는 10℃간격으로 최소 2개 온도이상	100%

* 유통온도 : 반드시 제품의 대표 유통온도를 포함하여 저장조건을 설정
* 수출제품의 경우 수출국의 규정을 참고하여 설정

(2) 상대습도

불투과성 포장재질로 포장된 제품인 경우, 습도의 영향을 받지 않으므로 제외하여도 무방하나, 습도영향이 높은 포장 재질(에틸렌비닐알코올(EVOH), 폴리아미드/나일론(polyamide/nylons), 폴리카보네이트(PC) 등)로 포장된 제품인 경우 중요하므로 설정한다.

(3) 저장기간

① 실측실험

실험의 정확성을 위하여 목표 유통기한 이상으로 저장한다. 저장기간은 의도한 유통기한의 1.3~2배 기간으로 저장한다.

② 가속실험

실험의 정확성을 위하여 목표 유통기한의 50% 이상이 되도록 저장한다. 저장기간은 최소 3개월 이상의 기간으로 지정한다.

예) 예상유통기한 2년인 경우 저장기간은 1년 이상
　　예상유통기한 1년인 경우 저장기간은 6개월 이상
　　예상유통기한 6개월 이상인 경우 저장기간은 3개월 이상

(4) 실험주기

저장온도별로 의도한 유통기한이 15일 이내의 것은 매일 실험하고, 15일 이상의 것은 저장기간 내 최소 6회 또는 전체 저장기간을 100%로 보고 저장기간의 20%, 25%에 해당하는 간격으로 설정한다. 종료점 이후의 평가는 제품이 기대되는 저장기간 안에 있는지 저장기간 연장 가능성이 있는지를 평가하기 위한 것이다.

예1) 0%(기준점), 20%, 40%, 60%, 80%, 100%(종료점), 120%(종료점 이후)
예2) 0%(기준점), 25%, 50%, 75%, 100%(종료점), 125%(종료점 이후)

알아두기

- 기준점 결정 : 제품의 특성과 연구목적에 따라 결정
  - 제조일자
  - 소매점 도착일자
  - 제품이 구매되는 날짜
  - 제품성분이 평형에 도달하는 날짜
- 종료점 결정 :
  - 현재 또는 유사제품의 과거 데이터
  - 경쟁제품의 공개된 유통기한
  - 광고나 라벨 표기 요구사항
  - 마케팅 또는 유통 요구사항
  - 포장이나 원료배합 안정성에 따른 기대 저장기간
- 실험시점 결정시 고려사항 : 제품에 의미 있는 변화가 일어날 것으로 예상되는 시점에 실험을 집중
  - 저장기간 초기에 변화를 일으킬 것으로 예측되는 제품
    중요시점은 초기 : 0%, 15%, 30%, 50%, 100%, 종료점 이후
  - 저장기간 후기에 변화를 일으킬 것으로 예측되는 제품
    중요시점은 후기 : 0%, 50%, 65%, 80%, 100%, 종료점 이후
  - 과거 데이터가 거의 없는 신규제품
    의미 있는 변화시점을 보증하기 위하여 보다 잦은 실험필요 0%, 25%, 50%, 75%, 100%, 종료점 이후 1시점 이상

(5) 실험반복수

실험주기마다 1회 단일 포장을 1개 실험군으로 하여 무작위 최소 3개의 검체로 3반복 수행되어야 한다.(관능검사 시 검체수는 재고려한다.)

(6) 설정실험 지표

본 가이드라인의 「설정실험 지표」에 언급된 내용을 참조하여, 제품 특성에 따라 이화학적, 미생물학적, 관능적 및 물리학적 실험을 위한 설정실험 지표를 선정한다.(「식품, 식품첨가물, 축산물 및 건강기능식품의 유통기한 설정기준(식약처 최근고시)」 등 관련 법규,

식약처 등 관련기관의 가이드라인, 관련된 연구 문헌과 유통되는 유사제품의 자료 등을 활용할 수 있다.)

(7) 품질한계(규격)

- 법규에서 정한 규격이 있는 경우 그 범위 내에서 설정한다.
- 법규에 정한 규격이 없는 경우 국제규격(CODEX 등)을 참조한다.
  특히, 법규에서 정한 세균수 규격이 없는 경우 미생물학적 초기 부패시점인 100,000/g이하 기준을 고려할 수 있다.
- 국내·외 법규에서 정한 규격이 없는 경우, 수년 간 경험을 근거로 관련 식품, 축산물, 건강기능식품 제조업계가 일정하게 합의한 규격을 고려할 수 있다.
- 이상의 내용으로도 근거를 찾을 수 없는 경우, 아래 예시와 같은 방법으로 산출할 수 있다. 단, 2개의 설정실험 지표간 상관관계가 적은 경우 오차를 초래할 수 있으므로 선택에 주의해야 한다.

알아두기

※ 법적 규격이 없는 지표의 규격값 산출
관능검사(9점 기호도척도법)와 지표 간의 회귀방정식을 구하고, 이 식에 관능검사의 한계 규격값 5점(9점 기호도척도법 기준)을 대입, 산출한 값을 해당 지표의 규격값으로 활용
(단, 두 지표간 상관관계가 적은 경우 오차를 초래할 수 있으므로 법적 규격이 정해진 설정실험 지표의 규격값과 비교하여 최종 결정)

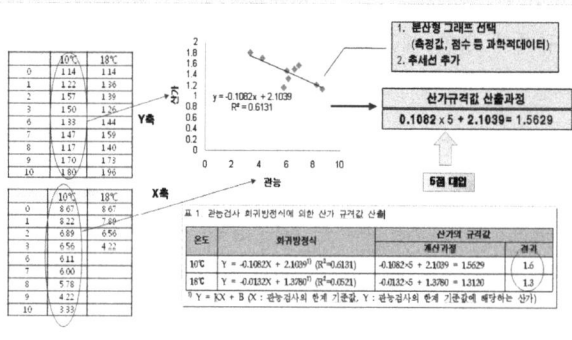

(8) 실험방법

- 법규에 정한 공인시험법을 사용한다.

- 법규에 따로 정해진 시험방법이 없는 경우에는 CAC 규정, AOAC (Association of Official Analytical Chemists), CODEX 규격의 시험방법에 따라 실험할 수 있다. 만약, 상기 시험방법에도 없는 경우에는 타법령에 정해져 있거나 국제적으로 통용되는 공인시험방법 또는 학술진흥재단 등재학술지나 과학기술논문인용색인(SCI, SCIE)에 해당하는 학술지에 게재되었거나 게재 증명서를 제출한 논문에 기재되어 있는 실험방법에 따라 실험할 수 있으며 그 시험법을 제시하여야 한다.

- 필요한 경우 적절한 검증과 문서화를 거쳐 개발된 방법을 사용할 수 있으며, 관련된 자료를 첨부하여야 한다.

03. 유통기간 설정실험

⑼ 결과해석

① 실측실험

- 법규상의 규격에 적합하여야 한다.
- 설정실험 지표 중 가장 먼저 한계(규격)에 도달한 지표의 직전일을 그 제품의 품질한계일로 한다.
- 최종 유통기한은 업체가 수용할 수 있는 범위 내에서 1미만의 안전계수를 곱하여 산출한 값을 사용한다(업체 자율설정).
- 관능검사의 경우 제품에 따라 적절한 검사방법을 선택한다. 본 가이드라인 Ⅳ.유통기간 설정을 위한 관능검사 가이드라인 표1 ~ 표8에 제시된 결과분석 방법에 따라 해석한다.

② 가속실험

- 법규상의 규격에 적합하여야 한다.
- 가속실험으로부터 얻은 결과는 실제 유통조건으로 추정되어 해석되어야 한다. 시간에 따른 품질변화를 반응속도상수로 표현하는 화학반응식에서 적절한 반응차수(0차 또는 1차)를 사용하여 데이터를 선형회귀분석한다. 기본원리는 본 가이드라인의 가속실험 해석방법에 따른다.
- 회귀분석과 잘 맞지 않는 데이터의 경우($R^2<0.8$), 데이터 이용가능 여부를 결정하여 재실험 또는 설정실험 지표의 변경을 검토한다. 시험결과의 오차는 10% 이내가 되도록 한다.
- 최종 유통기한은 업체가 수용할 수 있는 범위 내에서 1미만의 안전계수를 곱하여 산출한 값을 사용한다(업체 자율설정).

⑽ 문서화

유통기한 설정실험 결과보고서에는 실험결과보고서 요약, 제품특성, 실험방법(검체준비, 저장조건(온도, 습도), 저장기간 및 실험주기, 실험반복수, 설정실험 지표, 품질한계, 실험법), 실험결과(데이터, 결과해석자료), 결론, 참고자료에 관한 내용을 기록하고 날짜와 서명을 기재하여 보관한다.

04

유통기간 설정을 위한 관능검사 가이드라인

04 유통기간 설정을 위한 관능검사 가이드라인

식품, 축산물, 건강기능식품의 관능검사는 식품, 축산물, 건강기능식품의 품질을 인간의 시각·미각·후각 등의 감각을 이용하여 평가하는 방법으로, 식품, 축산물, 건강기능식품의 외관, 냄새, 맛, 조직 등에 대해 분석적·객관적 특성을 평가하는 방법과 소비자 기호도를 대변하는 주관적 기호도 검사 방법으로 나눌 수 있다. 분석적 관능검사 방법은 저장시간 경과에 따른 품질특성의 변화를 기록하고 확인하는데 사용될 수 있어 유통기한의 종료점을 결정하는데 유용하다. 관능적인 변화는 다른 변화들이 측정되기 전에 감지되는 경우가 많아 평가하고자 하는 제품의 미생물학적 안전만 보장된다면 저장 실험 동안 제품의 변화를 평가하기 위한 적절한 방법이 될 수 있다.

관능검사는 측정기기를 이용한 실험과 비교해 오차 발생 가능성이 높고, 결과의 재현성도 컨디션, 시간대 등 많은 요인에 의해 영향을 받지만, 훈련된 평가원(패널)에 의해 결과의 재현성이 확인된 검사방법은 설정실험 지표에 대한 적당한 기기측정법이 개발되어 있지 않은 경우나 측정기기보다 인간의 감도가 높은 경우 등에는 유효하게 이용될 수 있다.

신뢰할 수 있는 결과를 얻기 위해서는 다음 사항이 갖추어지고 수행될 수 있도록 하여야 할 것이다. 1) 분명한 관능검사의 목적 2) 관능검사를 수행할 수 있는 환경 3) 적합한 실험 절차의 사용 4) 적합한 평가원(패널)들의 선택 및 교육훈련 5) 적절한 데이터의 취급과 통계적 분석

본 장에서는 이상의 언급한 내용을 충실히 수행할 수 있도록 관능검사 실험 시 필요한 사항과 기본적인 고려사항에 대한 정보를 제공하고자 한다.

식품, 축산물 및 건강기능식품의 유통기간 설정실험 가이드라인(민원인 안내서)

목적

관능검사 수행 전 실험의 목적을 정확히 한다.
- 제품이 소비자에게 받아들여질 수 있는 시간의 양을 결정
- 제품에 관능적인 문제가 발견되기 전까지의 시간의 양을 결정
- 제품의 유통기한을 결정

가. 관능검사 실험 종료기준 선택

회사의 정책 및 목적, 시장조건, 사업 고려사항 등 실험 종료점을 결정하는데 기여하는 모든 요인을 포함하여 결정한다. 다음 3가지 기준을 참조하여 선택한다.
(1) 제품의 전체적인 관능상태가 변화하는 시점
(2) 소비자 감각의 측면에서 알려진 또는 의심되는 제품의 특성변화 시점
(3) 제품의 기호도가 매우 낮은 시점

알아두기

(1)(2) 기준 선택시 : 분석적 검사방법 이용(훈련된 평가원 참여)

(3) 기준 선택시 : 기호도 검사방법 이용(다수의 소비자 참여)

- 선택된 실험 종료기준에 따른 긍정적 결과
  의도된 유통기한 내에 제품의 품질이 남아있는 것으로 평가되는 경우
- 선택된 실험 종료기준에 따른 부정적 결과
  선택된 종료점이 소비자에게는 불만족하여 제품을 더 이상 구입하지 않게 되는 경우 또는 너무 일찍 종료점을 확인하여 소비자에게 아직 사용가능한 제품이 제외되는 경우
- 부정적 결과 최소화를 위한 노력
  과거 수행한 유사제품의 관능연구, 마케팅연구, 제품기술, 제조 고려사항, 마케팅 목적 및 기타 사업상 기준에 대한 사전 검토 뿐 아니라 마케팅, 영업, 제조, 품질보증, 품질관리, 관능검사 참여연구자 등에 의해 검토되고 동의가 이루어져야 함.

나. 관능검사 실험 종료점 선택

(1) 대조구와 유의차가 발생하는 있는 시점

(2) 1개 또는 그 이상의 기준 제품 특성과 의미 있는 변화가 있는 시점

(3) 미리 결정한 기호도의 의미 있는 감소 시점

검사방법

검사방법의 일반적인 범위는 반복실험과 평가원 훈련이 요구되는 분석적 검사의 1) 차이검사(difference test) 2) 묘사분석(descriptive test) 및 반복실험 없이 다수의 소비자에게 평가하는 3) 기호도 검사(affective test)가 있다. 이를 수치화 하는 방법에 따라 분류법, 등급법, 순위법, 평점법/척도법 등의 방법이 사용된다(표7 참조). 유통기간 설정을 위한 관능검사에서는 이를 혼합한 기술들이 주로 사용된다.

구체적인 방법의 선택은 관능검사 실험 종료기준 선택에 따른다. 만일, 종료기준이 제품의 기호도로 선택되었다면 반복평가 없이 다수의 소비자를 대상으로 기호도 검사를 진행한다.

가. 차이검사(difference test)

제품에 인지할 수 있는 변화가 있는 경우 선택될 수 있다. 그러나 연구자들은 이 방법이 모든 제품에 적절하지는 않다는 것을 경고 한다. 예를 들면, 차이검사는 동일 배치에서 얻은 2개의 대조구 사이에 관측된 차이가 있는 경우 사용할 수 없다. 차이검사 방법에는 삼점검사(Triangle test), 일-이점검사(Duo-Trio test), 이점비교검사(Paired comparison test), 오-이점 검사(Two-out of-five test), A-부A 검사("A" or not "A" test), 기준 차이검사(Difference from control test) 등의 방법이 있다(표 1~6 참조).

나. 묘사분석(descriptive test)

훈련된 5-10명의 평가원들을 이용하여 제품 개발, 개선, 품질관리 단계에서 발생할 수 있는 모든 관능적 특성을 밝히기 위하여 사용되는 방법으로, 향미 프로필(flavor profile), 텍스처 프로필(texture profile), 정량적 묘사분석(quantitative descriptive analysis), 스펙트럼 묘사분석(spectrum descriptive analysis), 시간-강도 분석(time-intensity analysis) 등의 방법이 있다. 물론, 종료점을 정할 수 있는 명백한 특성 변화가 있을 때는 종료점을 결정하기 위한 실험방법으로 적절할 수 있겠지만, 유통기한의 종료점을 정하는 방법으로는 주로 적용하지 않기 때문에 본 가이드라인에서 상세설명은 제외하였다.

다. 기호도 검사(affective test)

선택한 종료기준에서 기호도가 감소한다면 적절하다. 기호도 검사는 기초를 세우기 위해 초기에 수행될 수 있고, 이후 미리 결정한 종료기준에 이를 때까지 특정간격으로 반복할 수 있다. 기호도 검사수행의 평가원으로는 소비자가 일반적으로 사용된다. 초점그룹연구(focus group study), 초점평가원연구(focus panel study), 1:1 면접(one to one interview) 등 제품개발 초기에 제품의 개념 설정이나 제품개발의 여러 단계에서 방향을 제시하기 위한 정성적 검사와 이점기호도검사(paired preference test), 순위기호검사(rank preference test), 기호도 척도법(hedonic scale) 등 제품의 개발단계에서 차이검사결과 차이가 나타난 경우 어느 것을 더 좋아하는지를 조사하거나 개발제품, 시제품, 경쟁제품의 기호를 비교하기 위해 수행되는 정량적 검사로 구분된다. 유통기한 설정과 관련해서는 정량적 검사 중 기호척도법이 주로 사용된다(표8 참조).

유통기한 설정을 위한 관능검사 방법의 일반적인 선택 기준은?

- 기호도 검사(기호도 척도법) : 저장기간 중 관능에서 일어난 변화를 종합적인 기호도로 판단할 수 있는 식품, 축산물 및 건강기능식품
- 차이검사 : 저장기간 중 관능에서 일어난 변화를 기호도로 판단하기 어려운 식품, 축산물 및 건강기능식품 예) 식용유 등

평가원(패널)

검사방법으로 차이검사(difference test), 묘사분석(descriptive test)법이 선택되면 평가자는 훈련받은 평가원을 사용한다. 기호도 검사(affective test)가 선택된다면 반복평가 없이 다수의 소비자를 평가원으로 사용한다.

관능검사는 검사방법을 인지하고 적절히 훈련받은 평가원들에 의해 관리되고 표준화된 방식으로 수행되어야 하는 것이 이상적이다. 그러나 훈련받은 전문 평가원이 참여하여 식품, 축산물 및 건강기능식품의 안전성을 보증하고 관능검사를 세심하게 기획하여 적절히 수행하게 하려면 효과적인 평가원을 선발하고 훈련하는 등 시간과 재정에 관한 자원을 집중시키는 과정이 필요하므로 반드시 경영진의 지원이 필요하다.

평가원은 훈련된 외부평가원 또는 제품에 대한 일반지식을 갖추고 관능검사 업무에 관심이 있으나, 제품 개발에는 밀접하게 참가하지 않은 회사 내부직원인 경우 가능하다. 만약, 선발 절차가 수행된다면 평가원 선발 시에는 다음 사항을 고려해야 한다.

- 특정 관능업무 수행을 위한 일반적인 능력, 연구 중 자극에 대한 특정 예민도
- 동기(의지, 흥미)
- 건강(특정 알레르기가 없고 약물치료 하지 않음), 건강치아, 일반적인 위생

검사실

관능검사는 전용 검사실에서 수행한다. 검사실은 평가원들이 새로운 임무 특성에 빠르게 적응할 수 있도록 정숙한 환경이어야 한다. 즉, 쾌적한 환경유지를 위하여 온도·습도조절, 환기시설을 통한 공기순환 및 냄새제거(담배, 화장실냄새 등), 소음제한, 조명조절(강도와 색), 편안한 좌석, 좁지 않은 테이블, 낮지 않은 천장 등이 고려되어야 한다. 가능하다면 평가원 훈련/토론실, 검체준비실, 자료 분석실 등의 시설을 함께 갖추어 평가원의 정확한 평가에 도움을 줄 수 있도록 한다.

실험의 수행

본 가이드라인 Ⅲ.유통기간 설정실험, 실험의 수행과 동일하게 적용한다.

데이터 분석

가. 데이터 분석의 형태는 선택한 관능검사방법에 따라 적절한 것을 선택한다. 표1 ~ 표8에 제시된 결과분석 방법에 따라 해석한다.

나. 가속실험의 해석
　　가항에 기술한 데이터 분석은 실측실험 수행 시 적용이 가능하나, 가속실험으로부터 얻은 데이터는 실제 유통조건으로 추정되어 해석되어야 한다. 기본원리는 본 가이드라인 [별첨5] 가속실험결과 해석방법에 따른다.

알아두기

- 관능검사를 이용한 유통기한 예측 시 예외적 유의사항
　　가장 신선한 것이 항상 최고가 아님에도 불구하고 유통기한 설정 시 신선함과 관능품질이 같다는 확신 하에 예측될 수 있다. 일부 연구에서 시간 변화에 따른 관능 품질변화 그래프를 보면, "신선한 것이 가장 좋다"라는 논리에 맞지 않는 예를 종종 발견할 수 있다. Karmer 등(1977)은 냉동 저장 시 초기보다 3개월째 식품 및 축산물의 관능적 품질이 최고점이 되었다가 6개월 후 1차 반응의 형태로 저하되었음을 보고하였다. 이러한 관능적 반응은 유통기한의 동역학적 손실에 대한 일반적인 원칙을 부정하지는 않지만, 사람의 선호도가 항상 신선한 것에만 있지 않다는 것을 나타낸다. 이러한 예외적인 반응은 유통기간을 위한 일반화된 예측 방정식 적용에 큰 어려움을 주므로 각 제품의 개별적인 연구가 필요하다.

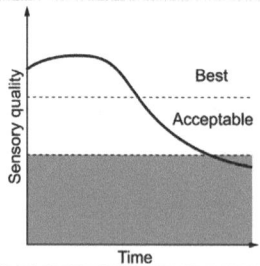

04. 유통기간 설정을 위한 관능검사 가이드라인

표 1. 삼점 검사법 요약

	삼점 검사(Triangle test)
원리	• 2개의 다른 검체 중 1개의 검체를 동시에 2개로 만들어 3개의 코드화된 검체를 제공하고 평가원에게 다른 것을 선택하게 함
적용	• 차이특성을 모를 때 (가장 많이 사용) • 평가원의 선발과 훈련 시
평가원수	• 차이가 큰 경우 : 12명 • 차이가 보통인 경우 : 20-40명 • 차이가 작은 경우 : 50-100명
방법	• 다음 조합에 따라 검체를 제시 : BAA, ABA, AAB, ABB, BAB, BBA • 위치 및 순서 오차를 제거하기 위하여 무작위로 배치하거나, 균형되게 배치하여 각 평가원에게 제공 • 평가원은 왼쪽부터 순서대로 맛을 본 후 3개의 검체 중 다른 1개의 검체를 찾아내게 함 • 보통 모든 검체는 동시에 제시되지만 검체의 부피가 매우 큰 경우, 후미가 있는 경우, 외형이 약간 다른 경우에는 예외적으로 한 검체를 끝낸 후에 다음 검체를 제시 • 비교할 검체의 수가 N개 인 경우 비교할 쌍의 수는 N×(N-1)/2개 • 감각 둔화현상이 발생하는 경우 1회 검사 세트 수를 소설 • 평가원이 반복하여 동일한 검체들을 평가하는 경우 매번 제시되는 검체의 번호를 변경해야 함 • 검사표 이름 _____ 날짜 _____ 당신 앞에 번호가 적힌 3개의 검체로 이루어진 검사 세트가 있습니다. 3개의 검체 중 2개는 같은 검체이며, 나머지 1개는 다른 것입니다. 세트 내에서 종류가 다르다고 생각되는 검체를 골라 해당된 번호에 V표 하십시오. 490 728 196 ‾‾‾ ‾‾‾ ‾‾‾
결과분석	• 3개의 검체 중 1개의 다른 검체를 찾아낼 확률이 P0=1/3이라는 것에 근거하여 작성된 통계표로 분석
고려사항	• 많은 수의 검체를 검사할 때 비경제적 • 강향 향미의 검체를 검사할 때 이점 비교검사보다 감각 피로의 영향을 더 받음 • 차이 특성을 알 경우 다른 검사에 비해 비효율적 • 제품이 가능한 동질적인 경우에만 적용

식품, 축산물 및 건강기능식품의 유통기간 설정실험 가이드라인(민원인 안내서)

표 2. 일-이점 검사법 요약

	일-이점 검사(Duo-trio test)
원리	• 평가원에게 기준검체 및 기준검체와 동일한 검체 1개가 포함되어 있는 2개의 검체를 제시한 후, 먼저 기준검체를 평가하게 하고, 남은 두 검체 중 기준검체와 동일한 것을 선택하게 함
적용	• 기준검체와 주어진 검체 사이의 차이 또는 유사성 여부 검사 • 정기적 생산검체처럼 기준검체가 평가원에게 잘 알려져 있는 경우 • 삼점검사가 적합하지 않은 경우
평가원수	• 차이가 큰 경우 : 12명 • 차이가 보통인 경우 : 20-40명 • 차이가 작은 경우 : 50-100명

방법	• 기준검체: 동일 기준검체(constant reference)
	  균형 기준검체(balanced reference)
	• 동일 기준검체: 평가원에게 잘 알려진 제품이 계속 기준검체가 되는 경우 (A'-AB, A'-BA)
	• 균형 기준검체: 각 검체가 균형되게 기준 검체로 사용되는 경우 (A'-AB, A'-BA, B'-AB, B'-BA)
	• 평가원에게 두 개의 검체(A, B)와 이들 중 어느 하나와 동일한 검체 (A' 또는 B')를 기준검체로 제시하고 기준검체와 동일한 검체를 골라내도록 지시
	• 검사표
	
	이름 _____ 날짜 _____
	
	당신 앞에는 3개의 치즈 검체로 이루어진 2개의 검사 set가 있습니다. 3개의 검체 중 하나는 R로 표시되어 있고 둘은 검체 번호가 기입되어 있습니다. 각 set에서 먼저 R을 맛본 후, 번호가 기입 된 두 검체를 맛보고 R과 동일한 검체를 선택하여 그 검체 번호에 v표 하십시오.
	
	R1 132 691
	       ___ ___
	R2 587 243

결과분석	• 2개의 검체 중 1개의 동일한 검체를 찾아낼 확률이 P0=1/2이라는 것에 근거하여 작성된 통계표로 분석
고려사항	• 후미가 많이 남는 경우, 이점비교검사 또는 "A" 또는 "A"가 아닌 검사법보다 덜 적합함

04. 유통기간 설정을 위한 관능검사 가이드라인

※ 일-이점 변형검사법 요약

	일-이점 변형 검사법
원리	• 유통기간 설정실험 원리에 근거하여 저장온도를 3개로 구성, 저온, 중온 및 고온 검체를 기호화하여 제시한 후, 저온검체와 비교하여 남은 두 온도 검체가 차이나는 시점을 판단하게 함.
적용	• 저온, 중온 및 고온검체 사이의 차이 또는 유사성 여부 검사 • 공장 현지에서의 차이 정도 파악 • 제품의 관능적인 열화 정도 판단, 평가지표 미설정 이화학 및 미생물 검사의 평가지표 설정
평가원수	• 제품의 반응속도 상수가 클 경우 : 5~10명 • 제품의 반응속도 상수가 작은 경우 : 10~20명 • 관능적 변이가 적은 경우(장기보존식품 등) : ~50명

방법	• 일-이점 관능검사법과 유사하나 동일 기준검체법을 차용하여 저온검체를 기준검체로 사용하는 방법 (A-BA', A-A'B, A-A'C, A-CA')
	• 저온검체의 반응상수가 가장 작을 것이라는 가정 하에 적용하며, A는 저온보관검체 이어야 함. 단, 2회차 이상에서 저온검체의 관능이 변할 경우, 기준검체(A')을 매 회차 사용하여야 함(동일 기준검체).
	• 평가원에게 기준검체(=저온검체, A)와 중온, 고온검체 (B, C)를 제공하고 A와 동일한 검체를 골라내도록 지시
	• 각 실험은 각각 기준검체(A)-저온검체, 기준검체-중온검체, 기준검체-고온검체의 3종 세트로 구성 됨(일-이점 시험법과 동일하나 3회 반복)
	• 검사표
	
	이름 _____ 날짜 _____
	
	당신 앞에는 3개의 검체로 이루어진 3개의 검사 set가 있습니다.
	각 검체 중 기준검체에는 R로 표시되어 있고 나머지 둘은 검체 번호가 기입되어 있습니다.
	각 set에서 먼저 R을 맛본 후, 번호가 기입 된 두 검체를 맛보고 R과 동일한 검체를 선택하여 그 검체 번호에 v표 하십시오.
	
	R1 182 182
	        ___ ___
	R2 345 345
	        ___ ___
	R3 876 876
	        ___ ___

식품, 축산물 및 건강기능식품의 유통기간 설정실험 가이드라인(민원인 안내서)

일-이점 변형 검사법

결과분석	· 각각 2개의 검체 중, 동일한 검체를 찾아낼 확률이 P0=1/3 (TT, TF, FT)이라는 것에 근거하여 작성된 통계표로 분석
	추세상으로 볼 경우 저온검체를 기준검체로 볼 때 다음과 같은 추세가 예측 됨
	
	저장기간 저온 중온 고온
	경과 T T T
	           T T F
	           T F F
	           F F F (기준검체까지 품질 변화 하였을 때)

고려사항	· 각각에서 (F) 항목이 나왔을 때 검체의 이화학적/미생물학적 설정실험 지표가 제품의 한계설정 지표가 됨 · 변화가 나타난 제품에서도 관능학적인 차이가 날 때는 처리가 어려움 (9점 기호도 척도법 진행 필요)

표 3. 이점 비교 검사법 요약

이점 비교검사(Paired comparison test)

원리	• 2개 검체의 차이식별과 비교를 위해 평가원에게 검체를 쌍(2개 동시)으로 제시한 후 검체의 조사특성 중 어떤 검체의 강도가 더 큰지를 선택하도록 함.
적용	• 지각할 수 있는 차이가 특성(예, 단맛)에 존재하는지 또는 특성(단맛)이라는 것에 지각할 수 있는 차이가 존재하는지를 결정하는 경우 • 평가원의 선발, 훈련, 수행 성적을 관찰하는 경우 • 소비자 검사 시 선호도 면에서 2제품을 비교하는 경우
평가원수	• 검사 특성의 이해가 높은 평가원 : 15명
방법	• 평가원에게 두 개의 검체(A, B)를 AB, BA의 순서로 제공하고 주어진 특성에 있어 어느 검체의 강도가 더 강한지 표시하도록 함 • 여러 특성을 평가하는 경우 원칙적으로 새로운 다른 과정 사용 • 한 번에 여러 세트를 평가하도록 해야 하는 경우, 둔화현상에 주의하고 검사를 반복해서 수행하는 경우 검체에 표시된 번호를 변경 (다른 통계 분석방법 사용) • 평가원은 검체를 단지 짐작만으로 선택할 지라도 주어진 특성이 강하다고 여겨지는 검체를 선택해야 함. • 검사표 이름 _____ 날짜 _____ 앞에 제시된 두 검체 중 왼쪽에 제시된 것부터 냄새를 맡고 두 검체 중 곰팡내가 더 강한 것에 V표 하시오. 587 243 ___ ___
결과분석	• 우연히 선택할 확률이 $P_0=1/2$이라는데 근거하여 작성된 통계표를 사용하여 분석 • 통계 적용 시 2개의 검체 중 강도가 강한 것이 확실히 알려져 있으면, 통계표상에서 단측검정(one tailed test)을 사용하고, 어떤 검체가 강한지 확실히 모를 때는 양측검정 (two tailed test)을 사용함
고려사항	• 두 검체 간에 단지 어느 것의 강도가 더 강한지를 알 수 있을 뿐이며, 어느 검체가 어느 정도 더 강한지는 알 수 없음 • 검체의 수가 증가하면 비교해야 할 검체도 급속히 증가하므로 사실상 실행이 어려움

표 4. 오-이점 검사법 요약

	오-이점 검사(Two-out of-five test)
원리	• 동시에 2개의 검체가 같고 나머지 3개가 다른 5개의 코드화된 검체를 제공하고 평가원에게 동일한 2개를 선택하게 함
적용	• 보다 경제적이고 통계학적으로 효율적인 차이 확인을 위해 적용 • 시각, 청각, 후각을 사용하는 검사에 적용
평가원수	• 20명 미만
방법	• 평가원수가 20명 미만인 경우 다음 조합에 따라 검체를 제시 : AAABB, BBBAA, AABAB, BBABA, ABAAB, BABBA, BABBA, ABBBA, AABBA, BBAAB, ABABA, BABAB, BAABA, ABBAB, ABBAA, BAABB, BABAA, ABABB, BBAAA, AABBB • 평가원에게 코드가 붙은 5개 검체를 제공 • 5개 검체중 2개는 동일 종류이고 3개는 다른 종류라고 알려 준 후 같은 종류로 구분되는 2개의 검체를 찾도록 지시 • 평가원은 왼쪽부터 순서대로 맛을 본 후 5개의 검체 중 동일한 2개의 검체를 찾아냄 • 보통 모든 검체는 동시에 제시되지만 검체의 부피가 매우 큰 경우, 후미가 있는 경우, 외형이 약간 다른 경우에는 예외적으로 한 검체를 끝낸 후에 다음 검체를 제시 • 감각 둔화현상이 발생하는 경우 1회 검사 세트 수를 조절 • 평가원이 반복하여 동일한 검체들을 평가하는 경우 매번 제시되는 검체의 번호를 변경해야 함 • 검사표 이름 _____ 날짜 _____ 당신 앞에 번호가 적힌 5개의 검체로 이루어진 검사 세트가 있습니다. 5개의 검체 중 2개는 같은 검체이며, 나머지 3개는 다른 것입니다. 세트 내에서 종류가 다르다고 생각되는 검체를 골라 해당된 번호에 V표 하십시오. 649 720 511 845 313 ---- ---- ---- ---- ----
결과분석	• 5개의 검체 중 2개의 동일한 검체를 찾아낼 확률이 $P_0=1/10$이라는 것에 근거하여 작성된 통계표로 분석
고려사항	• 삼점검사와 유사한 단점을 가지고 있으며, 큰 통계적 식별력을 갖는 반면, 감각피로와 기억에 좀 더 많은 영향을 받음

표 5. A-부A 검사법 요약

	A-부A 검사("A" or not "A" test)
원리	• 평가원에게 "A"검체를 인지하도록 교육한 다음 "A" 또는 "부A" 검체를 제시하고 평가원에게 "A"인 검체를 선택하도록 함
적용	• 외관이 다양하고 지속적인 후미가 남는 검체를 평가할 경우 • 반복적으로 완벽하게 비슷한 검체를 얻지 못할 경우
평가원수	• 훈련된 평가원 10~50명
방법	• 평가원에게 검체를 한번에 1개씩 제시하여 기준검체 "A"가 완전히 인식될 수 있을 때까지 여러 번 제시 • "A"일수도 "부A"일 수도 있는 검체를 무작위로 제시하여 "A"인 검체를 선택하도록 지시 • 검사표 이름 _____ 날짜 _____ 검사에 임하기 전 검체 A와 부A 맛에 익숙해지도록 검사 담당자에게 검체를 요구하여 여러 번 맛보십시오. 검체를 좌측에서 우측방향으로 옮기며 맛본 후 입을 물로 헹구고 1분간 휴식한 뒤 검체를 평가하십시오. 해당되는 란에 V표 하십시오. 검체번호 A 부A 검체번호 A 부A 1 --- --- 6 --- --- 2 --- --- 7 --- --- 3 --- --- 8 --- --- 4 --- --- 9 --- --- 5 --- --- 10 --- ---
결과분석	• "A"인 검체와 "부A"인 검체에 대해 "A"응답수와 "부A"응답수로 표 2×2로 만든 다음 "A"와 "부A"의 응답율이 다르다는 것을 결정하기 위한 카이제곱(x^2)을 구한 뒤 x^2 통계표로 분석
고려사항	• 검체 제시 사이에 적합한 시간간격(2~5분)을 두고 정해진 기간에 몇 개의 검체만 검사하도록 함

표 6. 기준 차이검사법 요약

	기준 차이검사(Difference from control test)
원리	• 기준검체를 제시하고, 실험검체를 제시한 후 그 차이를 준비된 척도상의 해당지점에 표시하도록 함
적용	• 전체적 또는 정해진 특성에 대하여 검체들을 기준검체와 비교하여 그 차이의 정도를 조사하기 사용 • 빵, 샐러드 등 실험재료가 균일하지 않아 일-이점 검사, 삼점검사가 어려운 경우 적용
평가원수	• 검사특성 및 평가척도의 이해도가 높은 평가원 : 15-30명
방법	• 평가원에게 기준검체를 제시하고 냄새를 맡거나 맛을 보도록 한 후 실험검체를 제시하고 전체적 차이 또는 정해진 특성에 대하여 차이의 정도를 마련된 척도상의 해당지점에 표시하도록 지시 • 검사표 이름 _____ 날짜 _____ 받으신 2가지 검체 중 1개는 기준검체(C)로 표시되어 있고 다른 1개는 3자리 숫자로 표시되어 있습니다. 기준 검체를 먼저 맛보고 나서 검체의 맛이 기준으로부터 차이나는 정도를 해당되는 란에 표기하십시오. _____ 0 차이가 없다. _____ 1 아주 적은 차이 _____ 2 약간의 차이 _____ 3-4 중간정도의 차이 _____ 5-6 상당한 차이 _____ 7-8 대단한 차이 _____ 9 아주 큰 차이
결과분석	• 표준검체와 동일한 검체 및 실험검체들 간에 분산분석 및 평균 간 다중비교
고려사항	• 훈련되거나 훈련되지 않은 평가원 모두를 사용할 수 있으나, 두 집단을 혼합하여 사용하는 것은 피해야 함

표 7. 척도와 항목을 이용한 검사법 요약

구 분		내 용
분류법 (Classification)	원리	• 검체를 미리 정의된 항목으로 분류하는 방법
	적용	• 검체를 특정 순서가 없는 몇 개의 항목 중에서 검체를 배치하고자 할 때 가장 적합한 항목에 적용하는 방법
등급법 (Grading)	원리	• 검체를 품질순위 척도상에 분류하는 방법
	적용	• 검체의 품질을 반영하는 몇 개의 항목 중 가장 적합한 항목에 검체를 배치하고자 할 때 적용하는 방법
순위법 (Ranking)	원리	• 검체를 강도의 순서 또는 몇몇 특성 정도의 순서대로 배치하는 분류 방법 • 검체간의 차이 크기는 평가하지 않음
	적용	• 복잡한 특성(품질, 맛)을 가진 적은 수의 검체(6개 정도)를 특성화하고자 할 때 또는 많은 수의 검체(20개 항목)의 외관만을 평가하고자 할 때 사용 • 평가원은 독립적으로 미리 정해진 순서에 따라 코드 번호가 붙은 검체들을 평가하여 예비순서를 지정하고 재검사에 의해 이 순서를 조절
평점법(Scoring)/ 척도법(Scale test)	원리	• 각 검체를 순서 척도의 적합한 지점에 배치하는 분류법 • 1개 이상의 검체가 동일한 척도에 배치될 수 있으며, 척도가 수치로 이루지면 점수화라 함. • 평가원에게 2개 이상의 검체를 제시하고 조사할 특성의 강도를 마련된 척도 상의 해당지점에 표시함
	적용	• 검체들의 정해진 특성의 강도를 비교하기 위하여 사용 • 1개 이상의 특성강도 또는 기호정도를 평가하기 위해 사용 검체의 1세트 결과와 다른 세트와의 결과를 비교할 때 선호되는 방법
	평가원 수	• 검사특성 및 평가척도의 이해도가 높은 평가원 15-30명
	방법	• 평가원에게 2개 이상의 검체를 제시하고 주어진 특성에서 각 검체의 강도를 척도상에 표시하도록 지시 • 검체는 균형되거나 임의의 순서로 가능한 동시에 제공 • 한 번에 여러 특성을 평가하게 하는 경우, 특성 간 상호 관련이 되어 오차의 있으므로 훈련의 필요성이 증가

구 분		내 용
평점법(Scoring)/ 척도법(Scale test)	방법	• 검사마다 특정 척도 사용 : 검체 간 조사할 특성의 강도 차이에 따라 충분히 식별이 될 수 있는 척도의 범위와 구간이 필요 • 척도의 종류: 항목척도(category scale), 선척도(line scale), 비율추정(magnitude estimation) • 항목척도 사용 시에는 평가원들이 검체를 맛본 후 평가한 특성의 해당 강도 항목을 선택하여 표시하도록 지시 : 평가원 지도자는 그 항목에 해당한 점수를 통계분석에 사용 • 선척도가 사용되는 경우에는 해당 강도를 선척도상에 종선을 그어 표시하도록 지시 : 평가원 지도자는 왼쪽 끝으로부터 표시된 지점까지의 거리를 점수로 환산하여 분석에 사용 • 검사표 이름 _____ 날짜 _____ 제시된 검체를 좌측부터 맛보고 조사할 특성의 강도를 평가하십시오. 각 검체에 대하여 다음의 척도를 사용하여 점수를 결정하십시오. 0-1 감지 불가능하다. 2-3 약하게 감지할 수 있다. 4-5 보통 정도 감지할 수 있다. 6-7 강하게 감지할 수 있다. 8-9 극도로 강하게 감지할 수 있다. 검체번호 --- --- --- --- 점 수 --- --- --- ---
	결과 분석	• 평가원들의 평가점수에 대해 분산분석을 하여 유의성을 검정하고 검체들 간에 다중비교분석 수행

04. 유통기간 설정을 위한 관능검사 가이드라인

표 8. 기호도 척도법 요약

기호도 척도법(Hedonic rating method)

원리	• 제품에 대한 소비자의 종합적인 기호도나 관능 특성별 척도를 측정할 실험검체를 제시한 후 그 차이를 준비된 척도상의 해당지점에 표시하도록 함
적용	• 제품에 대한 소비자의 종합적인 기호 정도를 측정할 경우 • 제품에 대한 소비자의 관능 특성별 척도를 측정할 경우 • 결과의 안정도가 높아 기호도 측정법 중 가장 유용
평가원수	• 일반 소비자 30~400명(많을수록 신뢰성 향상) • 내부직원 활용 시 제품에 대한 정보와 내용을 알지 못하는 자로 한정
방법	• 평가원에게 실험검체를 제시하고 냄새를 맡거나 맛을 보도록 한 후 전체적 차이 또는 정해진 특성에 대하여 차이의 정도를 마련된 척도상의 해당지점에 표시하도록 지시 • 검사표 이름 _____ 날짜 _____ 1. 전반적인 기호도 　□　□　□　□　□　□　□ 　대단히 싫어한다.　좋지도 싫지도 않다.　대단히 좋아한다. 2. 외관 　□　□　□　□　□　□　□ 　대단히 싫어한다.　좋지도 싫지도 않다.　대단히 좋아한다. 3. 향 　□　□　□　□　□　□　□ 　대단히 싫어한다.　좋지도 싫지도 않다.　대단히 좋아한다. 4. 맛 　□　□　□　□　□　□　□ 　대단히 싫어한다.　좋지도 싫지도 않다.　대단히 좋아한다. 5. 조직감 　□　□　□　□　□　□　□ 　대단히 싫어한다.　좋지도 싫지도 않다.　대단히 좋아한다. 의견 :
결과분석	• 실험검체들 간 분산분석 및 평균 간 다중비교
고려사항	• 통상 9점 항목척도가 자주 사용되며, 5점 항목척도는 양극단을 피하려는 현상 때문에 좋은 결과를 얻기 어려우므로 최소 7점 이상을 사용하도록 함.

05

별 첨

05 별 첨

별첨1 유통기간 설정실험 판단여부에 대한 의사결정도

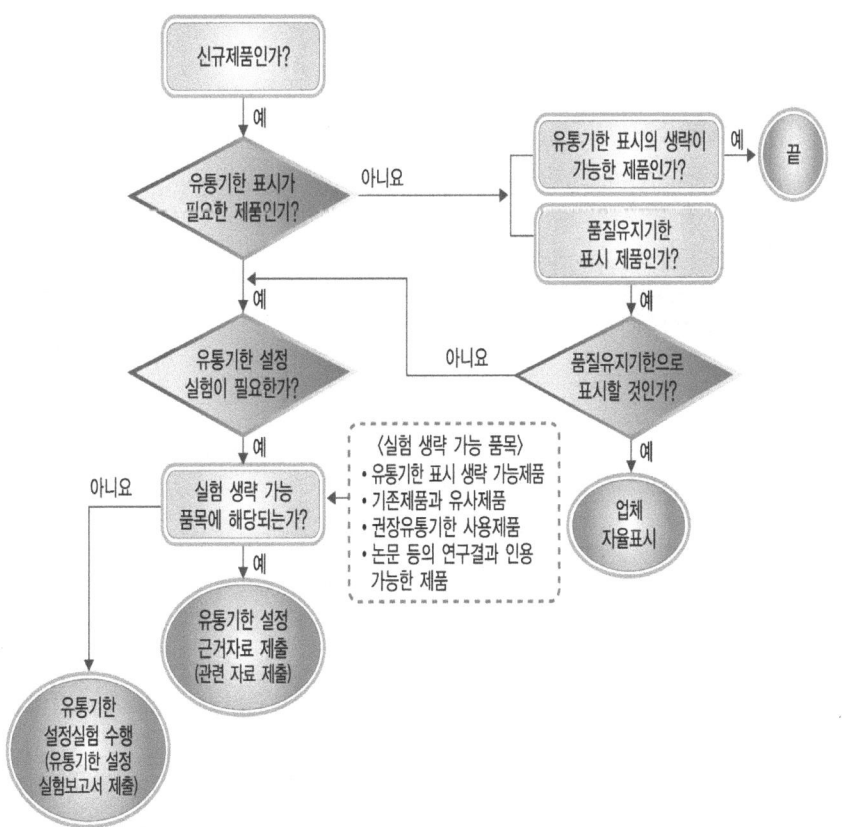

별첨2 **실측 또는 가속실험 판단을 위한 의사결정도**

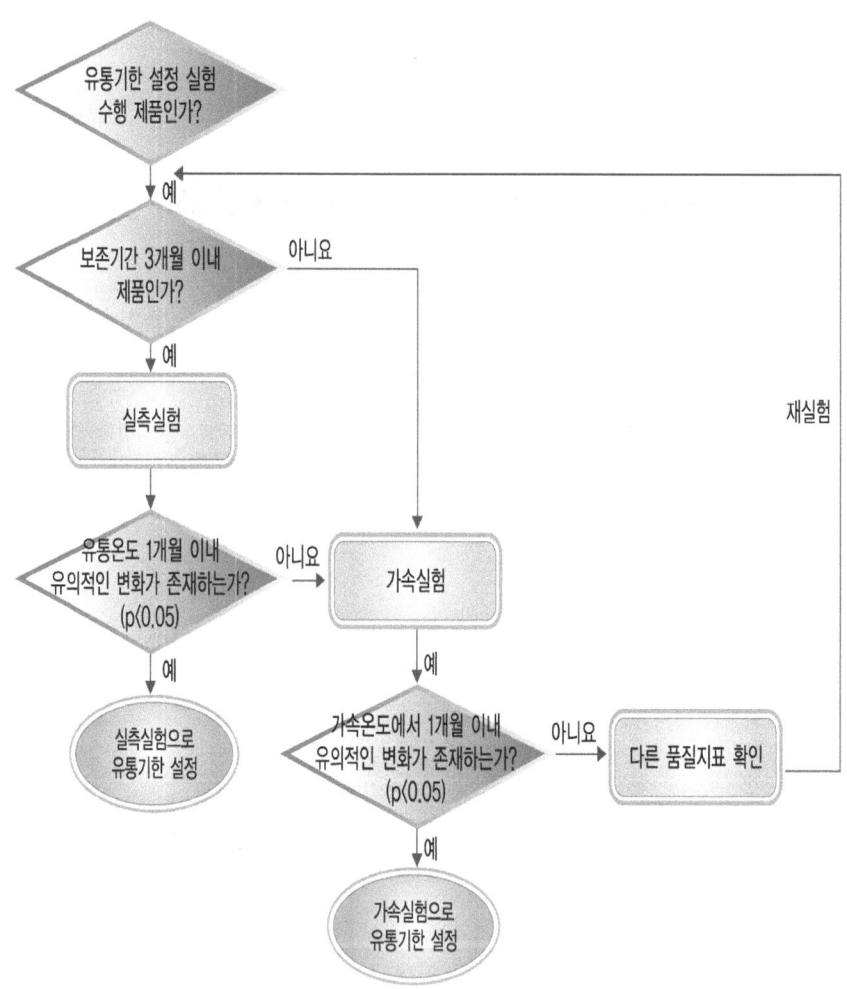

별첨3 유통기간 설정실험 업무흐름도

```
                    유통기한 설정
                    품목의 자료조사
                          │
      ┌───────────────────┼───────────────────┐
 가이드라인 조건 검토  ----- ----- 법규 등 제한요소 검토
      └───────────────────┼───────────────────┘
                          │
                    실험방법 결정
                    (실측/가속)                         재실험검토
                          │                    ←─────────────────┐
                    실험조건 결정                                  │
              (품질지표, 저장온도, 저장기간,                         │
               실험횟수, 실험간격, 반복수)                            │
                          │                                       │
                    검체 준비                                      │
                    (최소 3개)                                     │
                          │                                       │
                    실험 진행                                      │
                    (실측/가속)                                    │
                          │                                       │
                    결과해석                                    아니오
                          │                                       │
              ┌───────────┴───────────┐                           │
          실측실험                  가속실험 ──→ Step 1 : 결과값 정리 │
              │                        │                          │
              │     ┌──기준규격값 설정──┤    Step 2 : 품질지표별 반응속도상수(K) 산출
              │     │                  │          │              품질지표의 결정계수
        Step 1 : 결과값 정리            │    Step 3 : 품질지표별 활성화에너지(Ea) 산출 ◆ (R2)>0.8인가?
              │                        │          │                    │
        Step 2 : 유통기한산출           │    Step 4-1 : 유통기한산출(유통온도 확정제품)  예
                                       │          │
                                       └──→ Step 4-2 : 유통기한산출(유통온도 미확정제품)
```

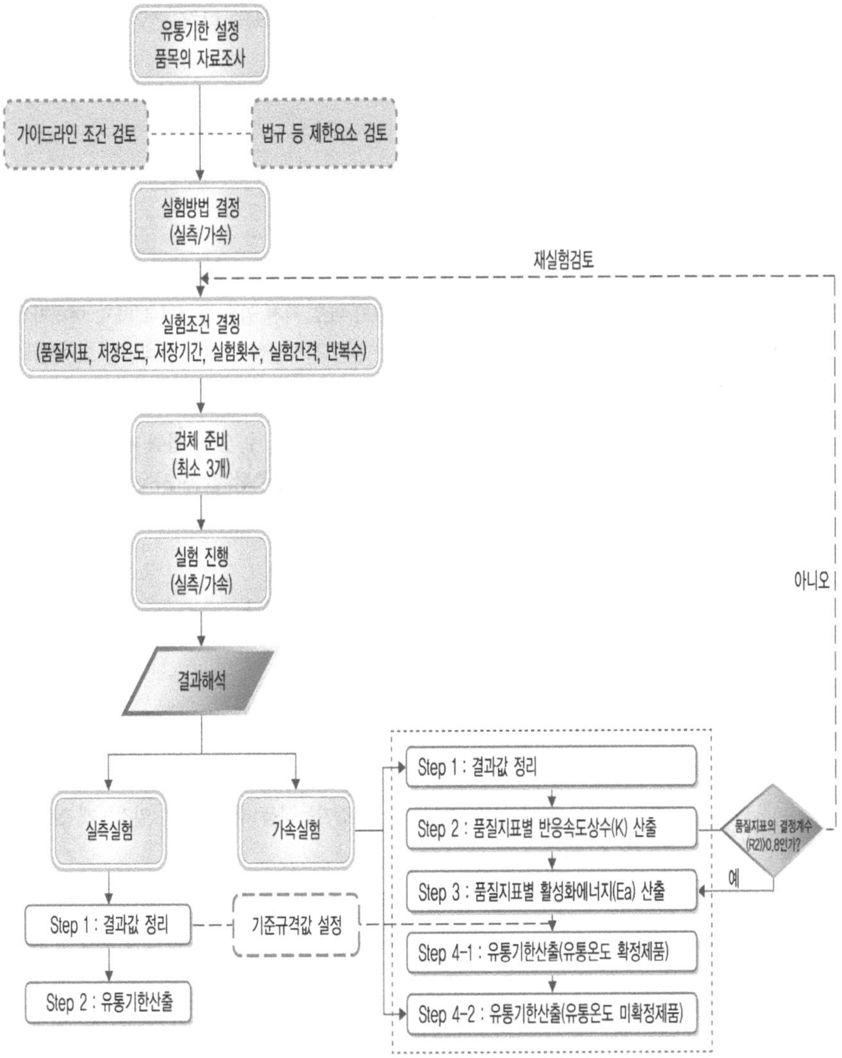

식품, 축산물 및 건강기능식품의 유통기간 설정실험 가이드라인(민원인 안내서)

별첨4 실측실험결과 해석방법

STEP 1 저장온도별 저장기간에 따른 각 설정실험 지표의 함량 변화 분석
- 실험결과 정리

STEP 2 유통기한 산출

※ 원칙

1. 설정실험 지표별 규격값을 기준으로 한계에 이르기 바로 직전 일을 한계일로 하고, 여러가지 설정실험 지표 중에서는 가장 먼저 한계일에 도달한 설정실험 지표의 한계일을 그 제품의 품질한계일로 한다.

2. 제품에 표시하고자 하는 최종 유통기한은 업체가 수용할 수 있는 범위 내에서 실험을 통해 얻은 품질한계일에 1미만의 안전계수를 곱하여 산출한 값을 사용한다.

※ 품질한계(규격)

1. 법규에서 정한 규격이 있는 경우 그 범위 내에서 설정한다.

2. 법규에 정해진 규격이 없는 경우 :
   - 국제규격(CODEX 등)을 참조
   - 특히, 법규에서 정한 세균수 규격이 없는 경우
     미생물학적 초기 부패시점인 100,000/g이하 기준을 고려할 수 있다.
   - 수년간 경험을 근거로 관련 식품, 축산물 및 건강기능식품 제조업계가 일정하게 합의한 규격을 고려할 수 있다.

3. 이상의 내용으로도 근거를 찾을 수 없는 경우 :
   관능검사(9점 기호도 척도법)와 설정실험 지표 간의 상관관계를 통해 산출한 값을 참조할 수 있다.

별첨5 가속실험결과 해석방법

STEP 1   저장온도별 저장기간에 따른 각 설정실험 지표의 함량 변화 분석
- 실험결과 정리

STEP 2   설정실험 지표별 반응속도상수(K) 산출

※ 이론

$$-\frac{dA}{dt} = KA^n$$

A : 설정실험 지표
t : 저장기간
K : 온도, 습도, 산소, 빛과 같은 저장환경에 영향 받는 반응속도상수
n : 반응차수
dA/dt : 시간 변화에 따른 설정실험 지표 A의 변화

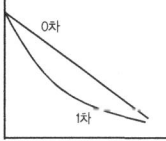

▶ 0차 반응식
   품질 저하속도가 품질특성에 관계없이 일정한 반응을 나타내는 경우

$$-\frac{dA}{dt} = KA^n (n=0) \text{ (적분)} \rightarrow At = Ao - Kt \rightarrow t = \frac{A_o - A_t}{K}$$

▶ 1차 반응식
   품질 저하속도가 품질특성에 따라 지수적으로 감소하는 반응을 나타내는 경우

$$-\frac{dA}{dt} = KA^n (n=1) \text{ (적분)} \rightarrow LnAt = LnAo - Kt \rightarrow t = \frac{Ln[A_o] - Ln[A_t]}{K}$$

Ao : 설정실험 지표의 최초 측정값
At : 설정실험 지표의 t시간 경과 후 측정값
K : 반응속도상수   t : 저장기간(시간, 일, 월, 년)

| STEP 3 | 각 온도에서 얻은 반응상수(K)로 부터 해당 설정실험 지표의 활성화에너지 (Ea) 산출 |

※ 이론

▶ 성분 변화에 대한 온도의존성을 설명하기 위해 시간과 반응속도상수로서 표현되는 많은 화학반응식이 제안되었으나, 현재까지는 다음에 표현된 아레니우스반응식(Arrhenius equation)이 가장 널리 사용된다.

$K = Ae^{-Ea/RT}$ (자연로그(Ln)로 전환)

→ $LnK = -(\frac{Ea}{R}) \times (\frac{1}{T}) + LnA$ → $LnK = \frac{S}{T} + I$

A : 아레니우스 상수,   Ea : 활성화에너지(cal/mol)
R : 기체상수(1.987 cal/mol)   T : 절대온도(=℃+273)   K : 반응속도상수
$-(\frac{Ea}{R})$, S : 기울기 LnA, I : 절편

▶ 활성화에너지란 물질이 반응을 일으키는데 필요한 최소한의 에너지를 말하며, 아레니우스 반응식(Arrhenius equation)으로부터 구한 K의 자연로그값(Ln)인 LnK를 Y축으로 1/T를 X축으로 하여 선형회귀분석한 후, 얻어진 직선의 기울기로부터 선정한 설정실험 지표의 Ea(활성화에너지)를 구한다.(결과는 최소 3개의 가속온도로부터 구한 값이 요구된다.)

Lnk | E_a = Slope X R
Slope = E_a / R
1/T

| STEP 4-1 | 유통기간 산출(유통온도가 정해진 제품) |

※ 이론

▶ 0차 반응식으로부터 유통기한 예측

$t = \frac{A_o - A_t}{K}$ → $t = \frac{A_o - A_t}{e^{\frac{S}{T} + I}}$

05. 별첨

▶ 1차 반응식으로부터 유통기한 예측

$$t = \frac{Ln[A_o] - Ln[A_t]}{K} \rightarrow Kt = -Ln\frac{[A_t]}{[A_o]} \rightarrow K = \frac{-Ln\frac{[A_t]}{[A_o]}}{t}$$

$$\rightarrow LnK = Ln(-Ln\frac{[A_t]}{[A_o]}) - Lnt$$

아레니우스식에서 유도한 LnK와 1차반응식의 LnK의 양변을 정리하면

$$\therefore \frac{S}{T} + I = Ln(-Ln\frac{[A_t]}{[A_o]}) - Lnt \rightarrow -Lnt = [\frac{S}{T} + I] - Ln(-Ln\frac{[A_t]}{[A_o]})$$

$$\rightarrow t = e^{-[(\frac{S}{T} + I) - Ln(-Ln\frac{[A_t]}{[A_o]})]}$$

STEP 4-2 유통기간 산출(유통온도가 정해지지 않은 제품)

※ 이론

▶ 실험하지 않은 구간의 반응속도상수(K), 연간변화 반응속도상수(K')으로부터 유통기한 산출

$$LnK = -(\frac{Ea}{R}) \times (\frac{1}{T}) + LnA \rightarrow LnK = \frac{S}{T} + I \rightarrow k = e^{(\frac{S}{T} + I)}$$

▶ 연간변화 반응속도상수(K')산출
해당온도유통일수(A) × 해당온도 반응속도 상수(K)
= K1+K2+K3+K4+K5 = K'

▶ 해당온도의 유통일 수 산정기준 :
기상청 5년 월별 평균온도 1대 특별시+6대 광역시+속초+제주를 근거로
10℃(152일), 15℃(60일), 20℃(62일), 25℃(60일), 30℃(62일)

▶ 0차 반응식으로부터 유통기한 예측

$$t = \frac{A_o - A_t}{K'} \rightarrow t = \frac{A_o - A_t}{e^{\frac{S}{T} + I}}$$

▶ 1차 반응식으로부터 유통기한 예측

$$t = \frac{Ln[A_o] - Ln[A_t]}{K'}$$

별첨6 가혹실험 수행 시 고려사항

가혹실험이란?

통조림, 레토르트 등 보존기간이 2년 이상인 제품의 경우 가속실험을 실행하여도 이화학적, 미생물학적, 관능적 지표가 변화하지 않을 수 있다. 즉, 단기간의 실험 결과로 장기간의 유통기한을 예측해야 하는 데이터로서 활용이 어려운 가속실험의 한계상황에 이를 수 있다. 이 경우 실제 품질의 변화를 더욱 더 가속하여 살펴볼 필요가 있는데 이를 가칭 "가혹시험"이라 할 수 있다.

실험진행방법

가혹실험은 일부 가혹인자를 실험 조건에 추가하거나 제외하는 방식으로 진행된다. 예를 들어, 지방산패가 설정실험 지표로 확정된 제품의 실험에서는 산패를 촉진하기 위해 강제로 산화를 불러일으키는 조건을 추가하게 된다. 즉, 밀봉조건의 해체, 공기 또는 산소 주입, 강제산화촉진물질 투여 등의 조건, 미생물실험도 마찬가지로 밀봉조건의 해체, 일반 외기의 주입, 미생물의 접종 등의 방식으로 실험을 행하게 된다. 즉, 유통기한 설정에 적용한 0차, 1차 방정식을 2차, 3차의 다항식으로 확대하여 실험을 해야 하는 조건이 발생한다.

그러나 위와 같은 가혹실험이 진행되는 경우 감안되어야 하는 인자도 증가하게 되므로 데이터의 통계학적인 신뢰도 및 유의성이 잘 확보되지 않는 단점을 가지고 있다. 또한 실험계획을 세우기 어려우며 추가적인 여러 요소들에 대한 충분한 이해와 적용 가능성에 대한 경험 등이 실험결과의 정확도, 정밀도를 이끌어 내는 가장 큰 요소로 작용하기 때문에 실제 적용은 매우 신중하고 경험을 가진 전문가와 진행해야 한다. 이와 같은 단점에도 불구하고 2년 이상의 유통기한을 예상하는 제품이고, 일반적인 가속실험을 실행하여도 이화학적, 미생물학적, 관능적 요소가 변화하지 않는 경우 실험법으로 고려해 볼 필요가 있다.

가혹실험의 모델

식품, 축산물, 건강기능식품의 품질변화를 가져오는 인자로는 구성성분에 따라 수분, 단백질, 지방, 미생물 및 비타민 등으로 구분할 수 있으며, 각각의 설정실험 지표는 다음과 같이 생각해 볼 수 있다.

품질변화인자	실험실험 지표
수분	수분
단백질	휘발성염기질소
지방	산가, 카르보닐가, TBA가
미생물	일반세균, 대장균군, 대장균 및 병원성미생물
기타	비타민 등

위 조건에 부합한다면 대부분의 식품군은 5가지 모델 안에서 품질의 변화가 발생하게 되고 가혹실험을 위한 악조건 설정이 가능하게 된다.

다음의 가혹조건 설정으로 품질변화속도, 즉 반응속도상수(k)를 증가 시킬 수 있다.

품질변화인자	가혹조건
수분	산소분압 증가
단백질	*Pseudomonas*균 접종으로 단백질 부패 가속화
지방	DPPH* 등 산화 촉진 화합물을 사용한 산패 가속화
미생물	일반세균으로서 유산균을 대체하여 초기 균 농도 증가

* 1,1-diphenyl-2-picrylhydrazine(DPPH)는 화학적으로 안정화 된 수용성 자유기(Free radical)로서 517nm에서 특징적인 광흡수를 나타내는 보라색 화합물이다. 이 자유기는 알코올 등의 유기용매에서 매우 안정하며, 항산화활성이 있는 물질과 만나면 전자를 내어주면서 라디칼이 소멸되어 처음의 보라색에서 노란색으로 변화, 산화활성을 육안으로 쉽게 확인할 수 있는 장점이 있다. 주로 항산화성분이 내재된 추출물, 음료와 오일, 페놀화합물 등의 항산화효과를 쉽게 분석할 수 있다.

별첨7 설정실험 지표 실험방법 출처정리

이화학적 실험

지표	실험방법
수분	「식품의 기준 및 규격」 제7. 일반시험법 2. 식품성분시험법 2.1 일반성분시험법 2.1.1 수분 2.1.1.1 건조감량법(상압가열건조법/감압가열건조법), 2.1.1.2 증류법 2.1.1.3 칼피셔법 * 건강기능식품 중 Ⅱ.2.7.1 로얄젤리는 2.1.1.3 칼피셔법에 따름
산가	「식품의 기준 및 규격」 제7. 일반시험법 2. 식품성분시험법 2.1 일반성분시험법 2.1.5 지질 2.1.5.3 화학적 시험 2.1.5.3.1 산가
조지방	「식품의 기준 및 규격」 제7. 일반시험법 2. 식품성분시험법 2.1 일반성분시험법 2.1.5 지질 2.1.5.1 조지방 2.1.5.1.1. 에테르추출법(일반법/특수법) 2.1.5.1.2. 산 분해법 2.1.5.1.3. 뢰제-곳트리브법
pH	1) 「식품의 기준 및 규격」제7. 일반시험법 6. 식품별 규격 확인 시험법 6.1 빙과류 6.1.3 식용얼음 및 어업용얼음 6.1.3.6 pH 2) 「식품의 기준 및 규격」제7. 일반시험법 6. 식품별 규격 확인 시험법 6.13 식품의 제조·가공에 사용되는 캡슐류 6.13.1 pH 3) 「식품의 기준 및 규격」제7. 일반시험법 5. 원유·식육·원료알의 시험법 5.3 원료알의 시험법 5.3.1 이화학적 시험법 나. 시험법 5) pH측정법 4) 「식품첨가물의 기준 및 규격」 Ⅳ. 일반시험법 28. pH측정법
가용성고형분	검체를 골고루 섞은 후(과육이 있는 것은 믹서로 균질화 시킨 후) 20°에서 굴절당계의 수치를 읽고 그 값을 %로 나타낸다.
무염가용성 고형분	미리 굴정당도계 및 검체를 20℃가 되도록 조절하여, 검체를 굴절당도계의 프리즘상에 적량을 취했을 때 나타나는 값을 가용성고형분(%) 함량으로 한다. 이와는 별도로 검체 2~5g을 취하여 「식품의 기준 및 규격」 제7. 일반시험법 2. 식품성분시험법 2.2 미량영양성분시험법 2.2.1 무기질 2.2.1.5 식염에 따라 식염의 양(%)을 구한다. 위에서 구한 가용성고형분(%)에서 식염의 양(%)을 감하여 무염가용성고형분(%)을 구한다.
휘발성 염기질소	「식품의 기준 및 규격」제7. 일반시험법 6. 식품별 규격 확인 시험법 6.9 식육 및 알가공품 6.9.4 식육 또는 알함유가공품 6.9.4.1 휘발성 염기질소

지표	실험방법
산도	1) 「식품의 기준 및 규격」제7. 일반시험법 6. 식품별 규격 확인 시험법 6.8 농산가공식품류 6.8.1 전분류 6.8.1.1 산도 2) 「식품의 기준 및 규격」제7. 일반시험법 6. 식품별 규격 확인 시험법 6.10 유가공품 6.10.1 우유류 나. 산도 3) 「식품의 기준 및 규격」제7. 일반시험법 6. 식품별 규격 확인 시험법 6.10 유가공품 6.10.7 유크림류 나. 산도 4) 「식품의 기준 및 규격」제7. 일반시험법 6. 식품별 규격 확인 시험법 6.12 벌꿀 및 화분가공품류 6.12.1 벌꿀류 6.12.1.4 산도 5) 「식품의 기준 및 규격」제7. 일반시험법 6. 식품별 규격 확인 시험법 6.12 벌꿀 및 화분가공품류 6.12.2 로열젤리류 6.12.2.3 산도
가스압	「식품의 기준 및 규격」제7. 일반시험법 6. 식품별 규격 확인 시험법 6.4 음료류 6.4.1 탄산음료류 6.4.1.1 가스압
전고형분	전고형분(%) = 100 - 수분함량(%)
조단백질	「식품의 기준 및 규격」제7. 일반시험법 2. 식품성분시험법 2.1 일반성분시험법 2.1.3 질소화합물 2.1.3.1 총질소 및 조단백질(세미마이크로 킬달법/단백질 분석기)
아마노산질소	「식품의 기준 및 규격」제7. 일반시험법 2. 식품성분시험법 2.1 일반성분시험법 2.1.3 질소화합물 2.1.3.2 아미노산질소(반스라이크법/홀몰적정법(Sörensen법))
총 아플라톡신	「식품의 기준 및 규격」제7. 일반시험법 9. 식품 중 유해물질 9.2 곰팡이독소 9.2.2 아플라톡신(B1, B2, G1 및 G2)(박층크로마토그래피/액체크로마토그래피) 9.2.3 아플라톡신 M1
총질소	「식품의 기준 및 규격」제7. 일반시험법 2. 식품성분시험법 2.1 일반성분시험법 2.1.3 질소화합물 2.1.3.1 총질소 및 조단백질(세미마이크로 킬달법/ 단백질 분석기)
순추출물	정제 해사 약 5g을 증발접시에 취하고 작은 유리봉을 넣어 항량이 될 때까지 건조한 후 검체 5 mL를 가하여 수욕상에서 때때로 저으면서 증발 건조한 다음 이를 건조기 중에서 3~4시간 건조하고 데시케이터(황산)에서 1시간 방냉한 후 칭량하여 추출물(고형분)을 구하고 이에 식염의 양을 감하여 순추출물로 한다. 순추출물(w/v%) = $\dfrac{W_2 - W_1}{SA} \times 100 -$ 식염(%) W1 : 항량 용기의 무게(g) W2 : 건조 후 항량이 되었을 때의 무게(g) SA : 검체의 채취량(mL)
총산	1) 「식품의 기준 및 규격」제7. 일반시험법 6. 식품별 규격 확인 시험법 6.6 조미식품 6.6.1 식초 6.6.1.1 총산 2) 「식품의 기준 및 규격」제7. 일반시험법 6. 식품별 규격 확인 시험법 6.7 주류 6.7.1 탁주 6.7.1.1 총산 3) 「식품의 기준 및 규격」제7. 일반시험법 6. 식품별 규격 확인 시험법 6.7 주류 6.7.3 주정 6.7.3.3 총산

지표	실험방법
색도	로비본드(B.D.H형) 비색계를 사용하여 133.4 mm셀로 측정할 때 검체의 색과 가장 가까운 표준색 유리판의 수치를 검체의 색도로 한다. 표준색 유리판의 매수는 되도록 적게하고 검체의 명도가 높을 때에는 검체 쪽에 표준색 유리판의 중성색을 끼워 동일명도로 하여 측정한다.
에탄올	「식품의 기준 및 규격」 제4. 식품별 기준 및 규격 14. 주류 (국세청훈령 주류분석 별지 6. 약주류 6-4 알코올분)
알콜함량	「식품의 기준 및 규격」 제4. 식품별 기준 및 규격 14. 주류 (국세청훈령 주류분석 별지 6. 약주류 6-4 알코올분)
메탄올	「식품의 기준 및 규격」 제7. 일반시험법 6. 식품별 규격 확인 시험법 6.7 주류 6.7.1 탁주 6.7.1.2 메탄올(푹신아황산염-가스크로마토그래피법)
알데히드	「식품의 기준 및 규격」 제7. 일반시험법 6. 식품별 규격 확인 시험법 6.7 주류 6.7.2 수주 6.7.2.1 알데히드
붕해시험	「식품의 기순 및 규격」 제7. 일반시험법 1. 식품일반시험법 1.6 붕해시험
전화당	1) 「식품의 기준 및 규격」제7. 일반시험법 6. 식품별 규격 확인 시험법 6.12 벌꿀 및 화분가공품류 6.12.1 벌꿀류 6.12.1.5 전화당 및 자당 (레인·에이논법-액체크로마토그래프) 2) 「식품의 기준 및 규격」제7. 일반시험법 2. 식품성분시험법 2.1 일반성분시험법 2.1.4 탄수화물 2.1.4.1 당류 2.1.4.1.2 환원당(벨트란법/소모기법)(포도당 등 환원당이 주요 당으로 존재하는 식품에 적용)
자당	1) 「식품의 기준 및 규격」제7. 일반시험법 6. 식품별 규격 확인 시험법 6.12 벌꿀 및 화분가공품류 6.12.1 벌꿀류 6.12.1.5 전화당 및 자당 (레인·에이논법-액체크로마토그래프) 2) 「식품의 기준 및 규격」제7. 일반시험법 2. 식품성분시험법 2.1 일반성분시험법 2.1.4 탄수화물 2.1.4.1 당류 2.1.4.1.3 자당(벨트란법/소모기법/선광도측정에 의한 법)(벌꿀, 잼, 음료, 과자류 등의 식품에 적용)
히드록시메틸 푸르푸랄(HMF)	「식품의 기준 및 규격」 제7. 일반시험법 6. 식품별 규격 확인 시험법 6.12 벌꿀 및 화분가공품류 6.12.1 벌꿀류 6.12.1.6 히드록시메틸푸르푸랄(흡광도측정법/액체크로마토그래피법)
비타민류	「식품의 기준 및 규격」 제7. 일반시험법 2. 식품성분시험법 2.2 미량영양성분시험법 2.2.2 비타민류
진공도	「식품의 기준 및 규격」 제7. 일반시험법 1. 식품일반시험법 1.4 진공도(통·병조림식품)

1. 수분

「식품의 기준 및 규격」 제7. 일반시험법 2. 식품성분시험법 2.1 일반성분시험법 2.1.1 수분 2.1.1.1 건조감량법(상압가열건조법/감압가열건조법), 2.1.1.2 증류법 2.1.1.3 칼피셔법

- 식품 등 특성에 따라 선별 적용, 건강기능식품 중 II.2.7.1 로얄젤리는 2.1.1.3 칼피셔법에 따름

2. 산가

「식품의 기준 및 규격」 제7. 일반시험법 2. 식품성분시험법 2.1 일반성분시험법 2.1.5 지질 2.1.5.3 화학적 시험 2.1.5.3.1 산가

검체 5~10 g을 정밀히 달아 마개달린 삼각플라스크에 넣고 중성의 에탄올·에테르혼액(1 : 2) 100 mL를 넣어 녹인다. 이를 페놀프탈레인시액을 지시약으로 하여 엷은 홍색이 30초간 지속할 때까지 0.1N 에탄올성수산화칼륨용액으로 적정한다(다만, 검체가 착색되어 있을 때는 지시약은 1% 티몰프탈레인·알코올용액이나 2% 알칼리블루-6B 알코올용액을 사용하던지 또는 검체를 소량으로 하여 상기 용제를 증량하여 시험한다. 감마오리자놀이 함유된 미강유 등은 2% 알칼리블루-6B를 사용한다.)

$$산가 (mg/g) = \frac{5.611 \times (a-b) \times f}{S}$$

S : 검체의 채취량(g)
a : 검체에 대한 0.1 N 에탄올성 수산화칼륨용액의 소비량(mL)
b : 공시험(에탄올·에테르혼액(1:2) 100mL)에 대한 0.1 N 에탄올성 수산화칼륨용액의 소비량(mL)
f : 0.1 N 에탄올성 수산화칼륨용액의 역가

3. 조지방

「식품의 기준 및 규격」제7. 일반시험법 2. 식품성분시험법 2.1 일반성분시험법 2.1.5 지질 2.1.5.1 조지방 2.1.5.1.1. 에테르추출법(일반법/특수법) 2.1.5.1.2. 산 분해법 2.1.5.1.3. 뢰제·굣트리브법

- 식품 등 특성에 따라 선별 적용

4. pH

1) 「식품의 기준 및 규격」제7. 일반시험법 6. 식품별 규격 확인 시험법 6.1 빙과류 6.1.3 식용얼음 및 어업용얼음 6.1.3.6 pH

    유리전극법(pH 측정기)으로 측정한다.

2) 「식품의 기준 및 규격」제7. 일반시험법 6. 식품별 규격 확인 시험법 6.13 식품의 제조·가공에 사용되는 캡슐류 6.13.1 pH

    검체 2 g을 취하여 100 mL의 삼각플라스크에 취한 후 물 50 mL를 넣고 37±2℃를 유지하여 흔들어 녹인 후 pH측정기로 측정한다.

3) 「식품의 기준 및 규격」제7. 일반시험법 5. 원유·식육·원료알의 시험법 5.3 원료알의 시험법 5.3.1 이화학적 시험법 나. 시험법 5) pH측정법

    할란하여 난백과 난황으로 나누어 pH메타로 측정한다.

4) 「식품첨가물의 기준 및 규격」Ⅳ. 일반시험법 28. pH측정법

    - pH 측정기 : 보통 유리전극 및 참조전극으로 된 검출부와 검출된 기전력에 해당하는 pH를 지시하는 지시부로 되어 있다. 지시부에는 비대칭전위조정용 및 온도 보상용 꼭지가 있고 또한 감도조정용 꼭지가 있는 것도 있다. pH 측정기는

다음의 조작법에 따라 임의의 한 종류의 pH 표준액의 pH를 매회 검출부를 물로 잘 씻은 다음 5회 되풀이 하여 측정할 때 그 재현성이 ±0.05 이내 것을 쓴다.

- 조작법 : 유리전극은 미리 물에 수 시간 이상 담구어 둔다. pH 측정기는 전원을 넣어 5분 이상 된 후에 쓴다. 검출부를 물로 잘 씻고 부착한 물은 여과지 등으로 가볍게 닦아 낸다. 한 점에서 조정을 하는 경우에는 온도보상용 꼭지를 pH 표준액의 온도와 일치시켜 검출부를 검액이 pH값에 가까운 pH 표준액 중에 담그고 2분 이상 지난 다음 pH 측정기의 지시가 그 온도에서의 pH 표준액의 pH값이 되도록 비대칭 전위조정용 꼭지를 조정한다. 두 점에서 조정을 할 경우에는 먼저 온도보상용 꼭지를 액온에 일치시키고 보통 인산염 pH 표준액에 담그고 비대칭전위조정용 꼭지를 써서 pH값을 일치시키고 다음에 검액의 pH값에 가까운 pH 표준액에 담그고 감도조절용 꼭지 또는 표준액의 온도에 관계없이 온도보상용 꼭지를 써서 앞의 조작과 같이 조작한다. 이상의 조정이 끝나면 검출부를 물로 잘 씻고 부착한 물을 여과지 등으로 가볍게 닦아낸 다음 검액에 담구어 측정값을 읽는다.

※ 주의 : pH 측정기의 구조 및 조작법은 각각의 pH 측정기에 따라 다르다.
※ pH 11 이상의 알칼리금속이온을 함유하는 액은 오차가 커서 알칼리오차가 적은 전극을 쓰고 필요한 보정을 한다.
※ 검액의 온도는 pH 표준액의 온도와 동일한 것이 좋다.

5. 가용성 고형분

검체를 골고루 섞은 후(과육이 있는 것은 믹서로 균질화 시킨 후) 20°에서 굴절당도계의 수치를 읽고 그 값을 %로 나타낸다.

6. 무염가용성 고형분

미리 굴절당도계 및 검체를 20℃가 되도록 조절하여, 검체를 굴절당도계의 프리즘상에 적량을 취했을 때 나타나는 값을 가용성고형분(%) 함량으로 한다. 이와는 별도로 검체

2~5g을 취하여 「식품공전」 제10. 일반시험법 1.2 미량영양성분시험법 1.2.1.5 식염에 따라 식염의 양(%)을 구한다. 위에서 구한 가용성고형분(%)에서 식염의 양(%)을 감하여 무염가용성고형분(%)을 구한다.

7. 휘발성 염기질소

「식품의 기준 및 규격」 제7. 일반시험법 6. 식품별 규격 확인 시험법 6.9 식육 및 알가공품 6.9.4 식육 또는 알함유가공품 6.9.4.1 휘발성 염기질소 가. 미량확산(Conway)법

- 기구(확산기) : 그림과 같이 패트리접시와 닮은 두꺼운 경질유리로서 갈아 맞춘 뚜껑이 있다. 내부는 내실A(지름 35㎜)와 외실B(지름 61㎜)로 동심원형으로 구분되어 있으며, 내실A의 벽의 높이는 외실B의 높이의 약 1/2이다. 뚜껑을 덮고 클립(C)으로 고정하여 기밀성이 유지될 수 있어야 한다.

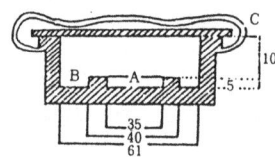 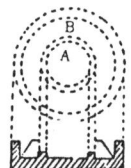

- 시약
  ① 기밀제 : 글리세린(백색바셀린과 유동파라핀을 적당량 가온 혼합한 것도 가능함)
  ② K_2CO_3포화용액 : K_2CO_3(최순품) 약 60 g을 증류수 약 50 mL에 가열하여 녹이고 NH_3 가스를 피하여 식히고 위의 맑은액을 쓴다.
  ③ 브런스위크(Brunswik)시액 : 메틸레드 0.1 g 및 메틸렌블루 0.1 g을 에탄올 100 mL에 녹이고 여과하여 갈색병에 넣어 냉장보관하고 사용 시 마다 각각 2:1로 섞어서 사용한다.

- 시험용액의 조제
  식육은 부분적으로 품질이나 조성이 다르기 때문에 전체를 대표할 수 있는 검체를 얻기 어렵다. 따라서 검체는 부위를 달리하는 여러 곳에서 취하여야 하며, 가능한

한 육질부분을 취하여야 한다. 검체의 크기 또는 수량에 따라 임의로 3~5개소로부터 각각 20~50 g씩을 취하여 이를 잘게 썰어 잘 섞는다. 이 중에서 10 g(W)씩을 정밀히 달아 2개의 비커에 따로 넣는다(2회 시험하여 평균치를 내기 때문임). 이에 증류수 50 mL를 넣고 잘 저어 섞어 30분간 침출하고 여과한다.

- 시험방법

이 시험은 중화법에 의한 미량 분석이므로 실험실내에 산성 또는 알카리성 가스가 발생하지 않도록 주의하여야 한다.

① 확산 : 확산기를 약간 기울여 놓고 외실의 아래쪽에 시험용액 1.0 mL를 피펫(Vol)을 써서 정밀하게 넣은 다음 내실A에 0.01N 황산 1.0 mL를 같은 방법으로 정밀하게 넣는다. 덮개의 갈아 맞추는 부분에 기밀제 소량을 고루 바른 다음 탄산칼륨 포화용액 약 1 mL를 외실B의 윗 쪽에 재빨리 넣고 즉시 덮개를 덮어 클립으로 고정하고 확산기를 전후좌우로 기울이면서 조용히 회전하여 외실B내의 시험용액과 탄산칼륨 포화용액을 잘 섞어(이때 외실의 용액과 내실의 용액이 섞이지 않도록 주의) 25℃에서 1시간(20℃에서는 120분, 16℃에서는 140분, 10℃에서는 160분 이상) 정치한다.

② 정량 : 덮개를 열고 내실의 황산용액에 Brunswik시액 10 ㎕을 넣고 마이크로뷰렛을 사용하여 0.01N 수산화나트륨용액으로 적정하여 그 2회 평균치(a mL)를 구한다. 따로 시험용액 대신 증류수를 써서 같은 방법으로 공시험을 하여 그 2회 평균치(b mL)를 구하여 다음 식에 따라 계산한다.

$$\text{휘발성염기질소(mg/\%)} = 0.14 \times \frac{(b-a) \times f}{W} \times 100 \times 50$$

W : 검체채취량(g)

f : 0.01N-NaOH의 역가

8. 산도

1) 「식품의 기준 및 규격」 제7. 일반시험법 6. 식품별 규격 확인 시험법 6.8 농산가공식품류 6.8.1 전분류 6.8.1.1 산도

   검체 5g을 정확히 달고 증류수 20 mL를 가하여 저어 섞은 현탁액을 0.02 N 수산화나트륨액으로 적정한다. 지시약은 브롬티몰블루시액을 쓰고 종말점은 진한 청색이 되었을 때로 한다.

2) 「식품의 기준 및 규격」 제7. 일반시험법 6. 식품별 규격 확인 시험법 6.10 유가공품 6.10.1 우유류 나. 산도

   검체 10 mL에 탄산가스를 함유하지 않은 물 10 mL를 가하고 페놀프탈레인시액 0.5 mL를 가하여 0.1 N 수산화나트륨액으로 30초간 홍색이 지속할 때까지 적정한다.

   0.1N 수산화나트륨액 1 mL = 0.009 g 젖산

   $$\text{산도(젖산\%)} = \frac{a \times f \times 0.009}{10 \times \text{검사시료의 비중}} \times 100$$

   a : 0.1 N 수산화나트륨액의 소비량(mL)
   f : 0.1 N 수산화나트륨액의 역가

3) 「식품의 기준 및 규격」 제7. 일반시험법 6. 식품별 규격 확인 시험법 6.10 유가공품 6.10.7 유크림류 나. 산도

   비이커에 검사시료 9 g을 채취한 후 탄산가스를 함유하지 않은 물 18 g(시료량의 2배)을 가하고 페놀프탈레인시액 0.5 mL를 가하여 0.1 N 수산화나트륨액으로 30초간 홍색이 지속할 때까지 적정한다.

   0.1N 수산화나트륨액 1 mL = 0.009 g 젖산

   $$\text{산도(젖산\%)} = \frac{a \times f \times 0.009}{10 \times \text{검사시료의 비중}} \times 100$$

   a : 0.1 N 수산화나트륨액의 소비량(mL)
   f : 0.1 N 수산화나트륨액의 역가

4) 「식품의 기준 및 규격」제7. 일반시험법 6. 식품별 규격 확인 시험법 6.12 벌꿀 및 화분가공품류 6.12.1 벌꿀류 6.12.1.4 산도

검체 10.0 g을 정밀히 달아 물 75 mL에 녹이고 페놀프탈레인시액을 지시약으로 하여 10초간 지속되는 연한 홍색을 나타낼 때까지 0.1N 수산화나트륨용액으로 적정한다.

$$\text{산도(meq/kg)} = \frac{a \times f \times 100}{S}$$

a : 적정에 소비된 0.1N 수산화나트륨용액의 양(㎖)
f : 0.1N 수산화나트륨용액의 역가
s : 검체채취량(g)

5) 「식품의 기준 및 규격」제7. 일반시험법 6. 식품별 규격 확인 시험법 6.12 벌꿀 및 화분가공품류 6.12.2 로열젤리류 6.12.2.3 산도

검체 0.5 g에 탄산가스를 함유하지 않은 물 50 mL를 가하고 페놀프탈레인 시액 0.5 mL를 가하고 페놀프탈레인 시액 0.5 mL를 가하여 0.1N 수산화나트륨용액으로 30초간 홍색이 지속될 때까지 적정한다.

$$\text{산도(1N NaOH mL/100 g)} = \frac{a \times f \times 10}{\text{검체채취량(g)}}$$

a : 0.1 N NaOH 용액의 소비 mL수
f : 0.1 N NaOH 용액의 역가

9. 가스압

「식품의 기준 및 규격」제7. 일반시험법 6. 식품별 규격 확인 시험법 6.4 음료류 6.4.1 탄산음료류 6.4.1.1 가스압

검체를 15~20℃의 항온수조에 30분~1시간 동안 넣어 두었다가 조용히 꺼내어 가스압력계(CO_2 Volume Tester) 마개에 부착시키고, 스니프트밸브(병내 가스를 밖으로 내 보내는 밸브)를 잠근 다음, 눌러 고정침으로 뚫는다. 이때 계기의 지침이 움직여 압력을 나타내나,

이는 병 내의 정확한 압력을 나타내는 것이 아니므로 스니프트밸브를 조금 열어 가스를 배출시키고 지침이 원 위치인 0에 되돌아오는 순간 즉시 밸브를 잠그고 심하게 흔들어 계기가 최대압력을 나타낼 때(계기의 지침이 일정한 위치에 머물러 있음) 이를 기록한 다음, 밸브를 열어 병내 가스를 배출시키고, 즉시 마개를 열어 병내 음료의 온도를 측정한다. 측정온도가 20℃ 이외일 때는 다음 탄산가스 흡수계수표에 의하여 보정한다. 온도의 기록은 소수점 이하 첫째자리까지, 가스압은 소수점 이하 둘째자리까지 기록한다.

- 시험 시 유의사항
  ① 마개에 부착한 고무부분 혹은 밸브에서 가스가 새지 않도록 해야 한다.
  ② 검체의 용기가 유리병일 때는 파손되는 경우에 대비하여 수건으로 싸는 것이 좋다.
  ③ 온도계는 사용 전에 표준온도계와 비교하여 정확도를 점검해야 하며, 측정 시에는 바로 전에 측정한 음료 속에 꽂아두어 온도의 상승을 억제한다.
  ④ 가스압력계는 가끔 기준압력계(Dead Weight Gauge Tester) 등으로 점검하여 보정치를 구해 두어야 한다.

10. 전고형분(두유류)

전고형분(%) = 100 - 수분함량(%)

11. 조단백질

「식품의 기준 및 규격」 제7. 일반시험법 2. 식품성분시험법 2.1 일반성분시험법 2.1.3 질소화합물 2.1.3.1 총질소 및 조단백질(세미마이크로 킬달법/단백질 분석기)

- 실험실 장비에 따라 선별 적용

12. 아미노산질소

「식품의 기준 및 규격」 제7. 일반시험법 2. 식품성분시험법 2.1 일반성분시험법 2.1.3 질소화합물 2.1.3.2 아미노산질소(반스라이크법/홀몰적정법(Sörensen법)

- 실험실 장비에 따라 선별 적용

13. 총아플라톡신

「식품의 기준 및 규격」 제7. 일반시험법 9. 식품 중 유해물질 9.2 곰팡이독소 9.2.2 아플라톡신(B_1, B_2, G_1 및 G_2)(박층크로마토그래피/액체크로마토그래피) 9.2.3 아플라톡신 M_1

- 실험실 장비에 따라 선별 적용

14. 총질소

「식품의 기준 및 규격」 제7. 일반시험법 2. 식품성분시험법 2.1 일반성분시험법 2.1.3 질소화합물 2.1.3.1 총질소 및 조단백질(세미마이크로 킬달법/단백질 분석기)

- 실험실 장비에 따라 선별 적용

15. 순추출물

정제 해사 약 5 g을 증발접시에 취하고 작은 유리봉을 넣어 항량이 될 때까지 건조한 후 검체 5 mL를 가하여 수욕상에서 때때로 저으면서 증발 건조한 다음 이를 건조기 중에서 3~4시간 건조하고 데시케이타(황산)에서 1시간 방냉한 후 칭량하여 추출물(고형분)을 구하고 이에 식염의 양을 감하여 순추출물로 한다.

$$순추출물(w/v\%) = \frac{W_2 - W_1}{SA} \times 100 - 식염(\%)$$

W_1 : 항량 용기의 무게(g)
W_2 : 건조 후 항량이 되었을 때의 무게(g)
SA : 검체의 채취량(㎖)

16. 총산

1) 「식품의 기준 및 규격」 제7. 일반시험법 6. 식품별 규격 확인 시험법 6.6 조미식품 6.6.1 식초 6.6.1.1 총산

   검체 10 mL를 취하고, 이에 끓여서 식힌 물을 가하여 100 mL로 하고, 그 20 mL를 페놀프탈레인시액을 지시약으로 하여 0.1 N 수산화나트륨액으로 적정한다.
   0.1 N 수산화나트륨액 1 mL = 0.006 g CH_3COOH

2) 「식품의 기준 및 규격」 제7. 일반시험법 6. 식품별 규격 확인 시험법 6.7 주류 6.7.1 탁주 6.7.1.1 총산

   검체 20 mL에 새로 끓여 식힌 물 30 mL를 가하고 0.1 N 수산화나트륨액으로 적정한다. 지시약은 뉴트랄레드·브롬티몰블루 혼합시액을 사용한다.

   $$총산(w/v\%) = \frac{0.006 \times V \times f}{S} \times 100 (초산으로서)$$

   V : 0.1 N NaOH의 소비량(mL)
   f : 0.1 N NaOH의 Factor
   S : 검체량(mL)

3) 「식품의 기준 및 규격」 제7. 일반시험법 6. 식품별 규격 확인 시험법 6.7 주류 6.7.3 주정 6.7.3.3 총산

   검액 100 mL를 취하고, 이에 페놀프탈레인시액 한 두 방울을 첨가하여 0.01 N 수산화나트륨액으로 적정한다.

   $$총산(g/100\ mL) = 0.0006 \times V (초산으로서)$$

17. 색도

로비본드(B.D.H형)비색계를 사용하여 133.4㎜셀로 측정할 때 검체의 색과 가장 가까운 표준색

유리판의 수치를 검체의 색도로 한다. 표준색 유리판의 매수는 되도록 적게하고 검체의 명도가 높을 때에는 검체 쪽에 표준색 유리판의 중성색을 끼워 동일 명도로 하여 측정한다.

18. 에탄올

「식품의 기준 및 규격」 제4. 식품별 기준 및 규격 14. 주류(국세청훈령 주류분석 별지 6. 약주류 6-4 알코올분)

일반적으로 제1법(부칭법)과 제4법(진동식 밀도계법)을 이용하며, 시험재료의 알코올분이 2도이하인 경우에는 제2법(산화법) 또는 제3법(가스크로마토그래피법)을 이용한다.

[제1방법]

- 시험조작 : 15℃에서 검정한 100 mL 메스플라스크의 눈금까지 취하고 이것을 약 300~500 mL 플라스크에 옮긴 다음 이 메스플라스크를 약 15 mL의 물로 2회 씻은 용액을 플라스크에 합치고 냉각기에 연결한 다음 메스플라스크를 받는 용기로 하여 증류한다. 증류용액이 70 mL(소요시간은 약 20분 내외)가 되면 증류를 중지하고 물을 가하여 15℃에서 메스플라스크의 눈금까지 채운다음 잘 흔들어 실린더에 옮긴 후 15℃에서 주정계를 사용하여 측정한다.

- 주의 :
  ① 메스플라스크 대신에 메스실린더를 사용하여 채취하고 그 실린더를 받는 용기로 하여도 좋다.
  ② 검사재료 채취용기는 청결하고 건조된 것이거나 검사재료로 씻은 것을 사용하며 비중계 또는 청주메-터계는 기준기로 기차를 보완한 것을 사용한다. 실린더에 비중계 또는 청주메-터계를 띄울 때 비중계 또는 청주메-터계의 각 부분에서 실린더의 내벽 및 아래벽과의 간격은 5 mm 이상 되어야 한다. 온도보완은 [별표 2]에 따른다.
  ③ 15℃에서 측정하기 곤란할 경우에는 물을 가하여 눈금까지 채우는 조작을 채취 때와 같은 온도에서 행한다.
  ④ 주정계는 한 눈금이 0.2도인 납 구부로 된 것을 사용하여야 한다.

⑤ 분말주의 경우는 여러 부분에서 조금씩 채취하여 균일하게 혼합하여 시험재료로 하며 약 60 g을 10 mg 단위까지 정밀하게 무게를 달아 마개가 달린 200 mL 플라스크에 넣어 물을 첨가하여 용해시킨 다음 물을 첨가하여 15℃에서 200 mL로 한 후 검사재료로 하여 위와 같은 방법으로 증류를 하여 측정하고, 분말주의 알코올분은 다음 식에 따라 구한다.

$$알코올분 = \frac{측정알코올분 \times 100}{검체에\ 함유된\ 시험재료량 \times 환산계수}$$

$$환산계수 = \frac{검사재료에\ 함유된\ 시험재료량 + 검사재료에\ 함유된\ 물의\ 양 \times (1-검체의\ 비중)}{검사재료에\ 함유된\ 시험재료량 \times 검사재료의\ 비중}$$

[제2법, 산화법]

- 시약
① 중크롬산칼륨용액 : 중크롬산칼륨(특급) 33.816 g을 물에 녹여 1 ℓ로 한다.
② 진한황산
③ 인산 85%
④ 지시약 : 디페닐아미노슬폰산바륨 0.5 g에 물을 가하여 100 mL로 하고 그 윗부분의 맑은 용액을 사용한다.
⑤ 황산제1철암모늄용액 : 황산제1철암모늄 135.1 g을 진한황산 20 mL와 물에 녹여 1 ℓ로 한다.

- 시험조작 : 검사재료를 [제1법]에 따라 증류하고 알코올분이 2% 이하 되도록 증류용액을 만든다. 300 mL 삼각플라스크에 중크롬산칼륨용액 10 mL, 진한황산 5 mL를 넣고 여기에 증류용액 5 mL를 가하여 가만히 혼합 밀봉하여 15분간 방치한다. 다음 물 165 mL, 인산 18 mL, 지시약 0.5 mL를 가하여 황산제1철암모늄용액으로 청자색이 녹색이 될 때까지 적정하여 그 적정 수를 n으로 한다. 5 mL의 물을 같은 방법으로 처리하여 얻은 적정수를 N이라 하면 다음 식에 따라 알코올분을 산출한다.

$$알코올분(\%) = 2 \times (1-\frac{n}{N}) \times \frac{증류용액\ mL수}{증류에\ 사용한\ 검체\ mL수}$$

주 : 검사재료가 소량인 때는 증류 전에 물을 가하여 양을 늘린다.

[제3법, 가스크로마토그래피법]

- 시약

  에탄올 표준용액 : 에탄올(특급)을 물로 묽게 하여 에탄올 1~10 v/v%의 표준용액 계열을 만든다.

- 장치
  ① 가스크로마토그래피 : 수소염이온화 검출기(F.I.D)를 부착한 것
  ② 칼럼 : 유리 또는 스텐레스스틸칼럼에 칼럼충전제가 충전된 것

- 가스크로마토그래피의 분석조건(예)
  ① 칼럼온도 : 60~150℃
  ② 시험재료 주입부 온도 : 150~200℃
  ③ 검출기 온도 : 150~200℃
  ④ 운반기체(Carrier gas) : N_2또는 He
  ⑤ 유량 : 30~40 mL/min

- 시험조작 : 전처리하지 아니한 시험재료 또는 [제1법]에 따라 증류한 시험재료(15℃) 1~5 ㎕를 가스크로마토그라피에 주입하여 얻어진 가스크로마토그램으로부터 에탄올 피크의 높이 또는 면적을 구하여 미리 에탄올 표준용액계열을 검사재료와 같은 방법으로 처리하여 작성한 검량선에 따라 에탄올의 함량을 구한다.

[제4법, 진동식 밀도계법]

- 시험조작 : 진동식 밀도계를 이용해서 [제1법]에서 얻은 유출액을 15℃에서의 밀도를 측정하고 제3표로 환산해서 검체의 알코올 도수로 한다.

19. 알콜함량

「식품의 기준 및 규격」제4. 식품별 기준 및 규격 14. 주류(국세청훈령 주류분석 별지 6. 약주류 6-4 알코올분)

20. 메탄올

「식품의 기준 및 규격」제7. 일반시험법 6. 식품별 규격 확인 시험법 6.7 주류 6.7.1 탁주 6.7.1.2 메탄올(푹신아황산염-가스크로마토그래피법)

- 실험실 장비에 따라 선별 적용

[푹신아황산염]

- 시약
  ① 과망간산칼륨용액 : 인산 75 mL에 물을 가하여 500 mL로 하고 이에 과망간산칼륨 15 g을 녹인다.
  ② 수산용액 : 황산을 같은 양의 물에 가하여 식힌 다음 그 500 mL에 수산 25g을 녹인다.
  ③ 푹신아황산용액
     ㉠ 염기성푹신 0.5 g을 열탕 300 mL에 녹여 식힌다.
     ㉡ 무수아황산나트륨 5 g을 물 50 mL에 녹인다. ㉡액을 잘 섞으면서 ㉠에 가하고 다시 염산 5 mL를 섞으면서 가한다. 이 혼액을 다시 물로 희석하여 전량을 500 mL로 한다. 만든 후 5시간 방치한 후에 사용한다. 이 시액은 갈색병에 넣고 냉암소에 보존한다.

- 시험 : 검체 100 mL에 물 15 mL를 가하고 증류하여 유액 100 mL를 받고 그 유액 10 mL에 물 40 mL를 가하여 검액으로 한다. 이 검액 5 mL 및 메탄올비색표준액을 각각 동형시험관에 취하고 각 시험관에 과망간산칼륨용액 2 mL를 가하여 15분간 방치한 후 수산용액 2 mL를 가하여 과망간산칼륨을 탈색시킨다. 완전히 탈색하면 각 시험관에 푹신아황산용액 5 mL를 가하여 잘 흔들어 섞고 30분간 실온에 방치한 후 그때의 검액의 정색도를 표준액의 색과 비교하여 다음 표에 따르거나 585 nm에서 흡광도를 측정하여 검체 중의 메탄올 함량을 구한다. 이 표 중 검액 1mL중에 함유된 메탄올의 mg양을 5배한 것이 검체 1 mL 중에 함유된 메탄올의 mg양에 해당된다.

메탄올비색표준액

번호	혼합률 0.1% 메탄올(mL)	95% 에탄올(mL)	물(mL)	검액 1 mL중에 함유된 메탄올(mg)
1	0.05	0.25	4.70	0.01
2	0.10	0.25	4.65	0.02
3	0.15	0.25	4.60	0.03
4	0.20	0.25	4.55	0.04
5	0.30	0.25	4.45	0.06
6	0.40	0.25	4.35	0.08
7	0.50	0.25	4.25	0.10
8	0.60	0.25	4.15	0.12
9	0.75	0.25	4.00	0.15
10	1.00	0.25	3.75	0.20
11	1.25	0.25	3.50	0.25
12	1.50	0.25	3.25	0.30
13	1.75	0.25	3.00	0.35
14	2.00	0.25	2.75	0.40
15	2.50	0.25	2.25	0.50

[가스크로마토그래피법]

- 시약

  ① 내부표준용액 : n-부틸알콜을 최종농도 10~100 mg/ℓ 으로 한다.

  ② 메탄올표준용액 : 메탄올 특급을 물로 희석하여 10~100 mg/ℓ 의 표준액계열을 만든다.

- 시험

시료를 15℃에서 검정한 100 mL 메스플라스크의 눈금까지 취하고 이것을 약 300~500 mL 플라스크에 옮긴 다음 이 메스플라스크를 약 15 mL의 물로 2회 씻은 액을 플라스크에 합치고 냉각기에 연결한 다음 메스플라스크를 받는 용기로 하여 증류한다. 유액이 70 mL(소요시간은 약 20분 내외)가 되면 증류를 중지하고 내부표준용액을 최종농도 10~100 mg/ℓ 되게 가한 후 물을 가하여 15℃에서 메스플라스크의 눈금까지 채운다음 잘 흔들어 시험용액으로 한다. 시험용액 1~5 ㎕를 가스크로마토그래프에 주입하여 얻어진 크로마토그램으로부터 메탄올피크의 높이 또는 면적을 구하여 미리 메탄올표준용액계열을 검체와 같은 방법으로 처리하여 작성한 검량선에 의하여 메탄올 함량을 구한다.

• 측정조건
① 기기 : 가스크로마토그래피 수소염이온화 검출기
  (Flame Ionization detector)
② 칼럼 : Polyethylene glycol 계열의 물질이 코팅된 캐필러리 칼럼, 50 m × 0.2 mm × 0.3 μm 또는 이와 동등한 것
③ 칼럼온도 : 60~150℃
④ 시료주입부 온도 : 150~200℃
⑤ 검출기 온도 : 150~200℃
⑥ 운반기체 : N_2 또는 He
⑦ 캐리어 가스 유량 : 1 mL/min

21. 알데히드

「식품의 기준 및 규격」 제7. 일반시험법 6. 식품별 규격 확인 시험법 6.7 주류 6.7.2 수주 6.7.2.1 알데히드

검체 5 mL에 물 45 mL를 가하여 공전병에 넣고 0.01 N 요오드액 10 mL에 대응하는 0.01 N 아황산수소나트륨액을 가하여 흔들어 섞고 마개를 막아 30분간 방치한 다음 0.01 N 요오드액 10 mL를 넣고 이에 전분시액 2~3방울 가하여 청자색이 없어질 때까지 0.01 N 티오황산나트륨액으로 적정한다.

$$\text{검체 100 mL중의 알데히드함량(mg)} = a \times f \times 0.22 \times \frac{100}{5}$$

a : 0.01 N 티오황산나트륨액의 적정 mL수
f : 0.01 N 티오황산나트륨액의 역가
0.01 N 티오황산나트륨 1 mL = 0.22 mg 알데히드

22. 붕해시험

「식품의 기준 및 규격」 제7. 일반시험법 1. 식품일반시험법 1.6 붕해시험

23. 전화당

1) 「식품의 기준 및 규격」제7. 일반시험법 6. 식품별 규격 확인 시험법 6.12 벌꿀 및 화분가공품류 6.12.1 벌꿀류 6.12.1.5 전화당 및 자당 (레인·에이논법-액체크로마토그래프)

[레인·에이논법]

검체 26 g을 정확히 달아 물에 녹여 250 mL의 메스플라스크에 옮겨 넣고 알루미나크림시액 5 mL를 가하여 물을 표선까지 채운다음 여과하고 여액 10 mL를 취하여 250 mL로 희석해서 검액으로 한다. 페링시액 A 및 B의 각각 5 mL와 물 10 mL를 200 mL의 삼각플라스크에 취하고 이에 검액 약 15 mL를 가하여 석면금망상에서 2분 이내 끓이고 화력을 조금 약하게 하여 황산동의 색이 거의 퇴색하면 1% 메틸렌블루시액 4방울을 가하여 더 끓이면서 메틸렌블루의 청색이 없어질 때까지 떨어뜨린다. 적정의 종말점 부근에서 1방울씩 떨어뜨려 과량이 되지 않도록 주의하여야 하며 적정은 끓기 시작한 후 3분 이내에 끝내도록 한다. 적정 예정량을 알기 위하여 예비시험을 하고 본 시험에 있어서 종말에 떨어뜨리는 검액의 양은 1~2 mL가 되게 한다.

총 적정량으로부터 부표중의 레인·에이논 전화당 정량표에 의하여 검액 100 mL중의 전화당량(A)을 구하고 다음 식에 의하여 함량을 산출한다.

$$전화당(\%) = A \times f \times \frac{250}{100} \times \frac{250}{10} \times \frac{100}{S} \times \frac{1}{1,000}$$

  f : 페링시액 A액의 역가
  S : 검체 채취량(g)

[액체크로마토그래피법]

- 시약
  ① 이동상 : 아세토니트릴 : 물(75 : 25)
  ② 표준당용액 : 포도당 및 과당 각 1 g, 자당 0.1 g을 정밀히 달아 100 mL의 메스플라스크에 넣고, 물에 녹여 표선까지 채운다.

- 장치
  ① 검출기 : 시차굴절계(RI)
  ② 칼럼 : 카보하이드레이트
  ③ 용매여과기 : solvent clarification kit나 그와 동등한 것

- 시험용액의 조제 : 검체 약 1 g을 정밀히 달아 100 mL의 메스플라스크에 물 25 mL로 녹여 옮기고, 아세토니트릴로 표선까지 채워 여과(0.45 ㎛ 여과지)하여 시험용액으로 한다.

- 시험조작(액체크로마토그래피의 측정 조건의 예)
  ① 유량 : 1.0~1.5 mL/min
  ② 시험용액주입량 : 10~20 ㎕
  ③ 감도(attenuation) : 8×시험용액 및 당 표준용액 각 10~20 ㎕를 앞의 조건에 따라 액체크로마토그래프에 주입하고, 얻어진 피크의 높이 또는 면적으로 다음식에 따라 검체중의 전화당(포도당+과당) 및 자당의 양을 산출한다.

$$당(\%) = \frac{pH}{pH'} \times \frac{V}{V^1} \times \frac{W^1}{W} \times 100$$

pH, pH' : 검액과 표준액의 높이 또는 면적
V, V¹ : 검액과 표준액의 전량(mL)
W, W¹ : 검체 및 표준당의 채취량(g)

2) 「식품의 기준 및 규격」 제7. 일반시험법 2. 식품성분시험법 2.1 일반성분시험법 2.1.4 탄수화물 2.1.4.1 당류 2.1.4.1.2 환원당(벨트란법/소모기법)

- 포도당 등 환원당이 주요 당으로 존재하는 식품에 적용

[벨트란법]

시험용액 20 mL(당량은 0.05~0.45%가 아니면 아니된다)를 200 mL의 삼각플라스크에 넣고 벨트란시액 A 및 B액 각 20 mL를 가하여 흔들어 섞은 다음 금망상에서 정확하게 3분간 조용히 끓인다. 식힌 후 아린관에 상징액을 기울여 넣고 조용히 흡인 여과한

다음 물 약 50 mL를 삼각플라스크에 내벽에 따라 조용히 주입하여 흔들어 아산화동의 침전을 씻어 다시 아린관에 흡인 여과한다. 이 조작을 3~4회 반복하여 침전을 완전히 씻은 다음 알칼리성이 없어질 때까지 더운 물로 씻는다. 이때 아산화동이 공기와 접촉하지 않도록 주의한다. 다음 받는 그릇을 교환한 후 벨트란시액 C액 약 20 mL를 삼각플라스크에 넣어 아산화동을 녹이고 이를 앞의 아린관에 3~4회로 나누어 조용히 흡인하면서 침전을 완전히 녹인다. 다음 더운 물 약 100 mL로 아린관을 여러 번 씻은 후 이를 벨트란시약 D액으로 연한 홍색이 될 때까지 적정한다. 이에 소비된 벨트란시액 D액의 소비량(mL)으로부터 구리의 양을 산출하고 부표중의 벨트란당류정량표에 의하여 당량을 구하여 다시 검체 중의 당량을 산출한다.

[소모기법]

- 시액 및 시약
① 동시약 : 제이인산나트륨($Na_2HPO_4 \cdot 12H_2O$) 71 g, 주석산칼륨나트륨 40 g을 물 약 400 mL에 녹인 다음 1 N 수산화나트륨액 100 mL를 가하여 저어 흔들어 섞으면서 액면까지 달하는 깔때기를 사용하여 황산제이동용액($CuSO_4 \cdot 5H_2O$ 10 g → 100 mL) 80 mL를 가한다. 다음 황산나트륨($Na_2SO_4 \cdot 10H_2O$) 410 g을 가하여 녹이고 1 N 요오드산칼륨용액(KIO_3 3.567 g → 100 mL) 25 mL를 가하여 물로써 1,000 mL로 한다. 이것을 1~2일간 방치한 다음 여과하여 착색병에 저장한다. 이 시약은 포도당 0.01~3 mg/5 mL를 정량할 수 있지만, 1 mg/5 mL가 적당하다. 포도당의 양이 1 mg/5 mL이하의 경우에는 요오드산칼륨용액을 10 mL, 0.5 mg/5 mL 이하의 경우에는 5 mL로 감하는 것이 좋다.
② 2.5% 요오드화칼륨용액 : 미량의 탄산나트륨용액으로 알칼리성으로 한다.
③ 0.005 N티오황산나트륨액 : 티오황산나트륨($Na_2S_2O_3 \cdot 5H_2O$) 약 25~26 g에 10% 수산화나트륨용액 2 mL 및 물을 가하여 녹여 전량을 1,000 mL로 하여 0.1 N의 원액을 만들고 쓸 때에는 원액을 20배로 희석하여 조제한다.
④ 표정 : 1 N 요오드산칼륨액을 정확히 200배로 희석하여, 0.005 N 요오드산칼륨액을 만들고 그 10.0 mL를 취하여 2.5% 요오드화칼륨용액 1 mL 및 2 N 황산 2 mL를 가하여 5분간 방치한 다음 0.005 N 티오황산나트륨액으로 적정한다.

- 시험용액의 조제 : 벨트란법 시험용액의 조제에 준한다.

- 시험조작 : 시험용액 및 대조액으로서의 물 각 5 mL를 시험관(25× 200 mm)에 취하고 각각 동시 약 5 mL를 가한다. 시험관은 유리구로써 마개를 한다(또는 마개달린 시험관을 사용하여 느슨하게 마개를 하여도 좋다). 이어 세게 끓는 탕욕 중에 잠기게 한다(각 환원당의 가열시간은 표 1에 따라 한다). 다음 찬물로서 식힌 후 요오드화칼륨용액 2 mL를 천천히 넣고 이어 2 N 황산 1.5 mL를 빨리 넣고 흔들어 섞어 침전을 완전히 녹인다. 이어 석출한 요오드를 5분 후 0.005 N 티오황산나트륨액으로써 0.5% 전분시액 1 mL를 지시약으로 하여 적정한다. 뷰렛은 0.05 mL의 눈금이 있는 것을 사용한다. 환원당의 양은 다음 식에 따라서 계산한다.

시험용액 5 mL중의 환원당의 양(mg)
= [(대조액의 적정 mL수)-(시험용액의 적정 mL수)]
×환원당의 계수(표 1 참조)

표 1. 환원당의 가열시간 및 계수

당의 종류	가열시간(분)	계수
아라비노오스	25~35	0.143
키실로오스	25~35	0.127
글루코오스	15~25	0.135
후락토오스	15~25	0.135
만노오스	25~35	0.135
갈락토오스	35~45	0.175
전화당	15~25	0.135
맥아당	25~35	0.260
유당	30~40	0.216

24. 자당

1) 「식품의 기준 및 규격」제7. 일반시험법 6. 식품별 규격 확인 시험법 6.12 벌꿀 및 화분가공품류 6.12.1 벌꿀류 6.12.1.5 전화당 및 자당 (레인·에이논법-액체크로마토그래프)

[레인·에이논법]

검체 26 g을 정확히 달아 소량의 물로 녹여 100 mL의 메스플라스크에 옮겨 넣고 알루미나크림시액 5 mL를 가한다. 다음 물을 표선까지 채우고 여과한다. 이 액 50 mL에 물 25 mL 및 20% 염산 10 mL를 가하여 67℃에서 전화시킨 다음 탄산나트륨으로 중화하고 물을 가하여 100 mL로 하여 이 액 10 mL를 메스플라스크로 250 mL로 희석한 것을 검액으로 하여 전항 ㉮ 전화당에 따라 시험하여 전화당의 양을 구하고, 이 전화당량에서 전항 ㉮의 전화당 양을 뺀 것에 0.95를 곱하여 자당의 양을 산출한다.

[액체크로마토그래피법]

- 시약
  ① 이동상 : 아세토니트릴 : 물(75 : 25)
  ② 표준당용액 : 포도당 및 과당 각 1 g, 자당 0.1 g을 정밀히 달아 100 mL의 메스플라스크에 넣고, 물에 녹여 표선까지 채운다.

- 장치
  ① 검출기 : 시차굴절계(RI)
  ② 칼럼 : 카보하이드레이트
  ③ 용매여과기 : solvent clarification kit나 그와 동등한 것

- 시험용액의 조제 : 검체 약 1g을 정밀히 달아 100㎖의 메스플라스크에 물 25 mL로 녹여 옮기고, 아세토니트릴로 표선까지 채워 여과(0.45㎛ 여과지)하여 시험용액으로 한다.

- 시험조작(액체크로마토그래피의 측정 조건의 예)
  ① 유량 : 1.0~1.5 mL/min
  ② 시험용액주입량 : 10~20㎕
  ③ 감도(attenuation) : 8×시험용액 및 당 표준용액 각 10~20㎕를 앞의 조건에 따라 액체크로마토그래프에 주입하고, 얻어진 피크의 높이 또는 면적으로 다음 식에 따라 검체중의 전화당(포도당+과당) 및 자당의 양을 산출한다.

$$당(\%) = \frac{pH}{pH'} \times \frac{V}{V^1} \times \frac{W^1}{W} \times 100$$

pH, pH' : 검액과 표준액의 높이 또는 면적
V, V¹ : 검액과 표준액의 전량(mL)
W, W¹ : 검체 및 표준당의 채취량(g)

2) 「식품의 기준 및 규격」제7. 일반시험법 2. 식품성분시험법 2.1 일반성분시험법 2.1.4 탄수화물 2.1.4.1 당류 2.1.4.1.3 자당(벨트란법/소모기법/선광도측정에 의한 법)

- 벌꿀, 잼, 음료, 과자류 등의 식품에 적용

[벨트란법]

시험용액 100 mL를 250 mL의 삼각플라스크에 넣고 0.1 N 염산 30 mL를 가하여 이에 유리관을 달고 비등 수욕 중에서 30분간 가열한 후 식힌다. 다음 0.1 N 수산화나트륨액 30 mL를 가하여 중화하고 물로써 전량을 250 mL로 한다. 이 용액 20 mL를 취하여 환원당 벨트란법에 따라 전화당의 양을 구하고 이에 0.95를 곱하여 자당의 양으로 한다. 검체 중에 환원당이 함유되어 있을 때는 환원당에 따라 산출한 구리의 양을 여기에서 얻은 구리의 양으로부터 감하여 그 나머지 구리의 양에 상당하는 전화당을 구하고 이에 0.95를 곱하여 자당의 양을 산출한다.

[소모기법]

- 시험용액의 조제 : 자당용액(0.15% 이하)을 앞의 벨트란법에 따라 가수분해하여 시험용액으로 한다.
- 시험조작 : 시험용액 5.0 mL를 취하여 환원당의 소모기법에 의한 환원당의 정량법과 같이 조작해서 전화당을 정량하고 이에 0.95를 곱하여 자당의 양으로 한다. 검체 중에 환원당이 함유되어 있을 때에는 가수분해하지 아니한 용액에 대하여 직접 환원당에 상당하는 적정수를 구하고 이에 전화당의 계수를 곱하여 얻은 값을 위의

가수분해에 의하여 얻은 전화당의 양으로부터 감하고 이에 0.95를 곱하여 자당의 양으로 한다.

[선광도측정에 의한 법] : 설탕 등에 적용

- 장치 : 편광계

- 시험조작 : 시험용액(환원당의 시험용액의 조제에 준하여 만든다)을 검체관에 넣고 나트륨 D선을 광원으로 하여 편광계를 써서 선광각(a)을 측정한다. 자당의 양은 다음 식에 따라 구한다.

$$자당(g/시험용액\ 100\ mL) = \frac{100a}{[a]b \times 1}$$

[a]b : 측정시의 온도 t℃에 있어서의 선광도
l : 시험관의 길이(d m)

측정 시에 온도를 20℃라 하면 자당의 20℃에 있어서의 비선광도는 [a]b = 66.5이 므로 이를 위의 식에 대입하면

$$자당(g/시험용액\ 100\ mL) = \frac{100}{66.5} \times \frac{a}{1} = 1.504 \times \frac{a}{1}$$

(다만, 분말설탕의 경우는 계산된 값에 계수 6을 더한다.)

로 되며 측정에 2d m(200 mm)의 검체관을 사용할 때에는 자당(g/시험용액 100 mL) = 0.752a 로 된다. 또 이때에 물 100 mL중에 자당을 함유하는 검체 a g이 녹아 있을 때 그 검체 중의 자당 함량을 x%라 하면 시험용액 100 mL중의 자당량은 ax/100(g)이다. 따라서 위의 식으로부터

$$\frac{ax}{100} = 0.752a \quad x(\%) = \frac{75.2a}{a}$$

25. 히드록시메틸푸르푸랄(HMF)

1) 「식품의 기준 및 규격」 제7. 일반시험법 6. 식품별 규격 확인 시험법 6.12 벌꿀 및 화분가공품류 6.12.1 벌꿀류 6.12.1.6 히드록시메틸푸르푸랄(흡광도측정법/액체크로마토그래피법)

[흡광도측정법]

- 시험용액 조제 : 검체 약 5 g을 정밀히 달아 물 25 mL로 녹여 50 mL 메스플라스크에 옮긴다. 15% 페로시안화칼륨용액 0.5 mL를 넣어 섞고 30% 초산아연용액 0.5 mL를 넣고 섞은 다음 물을 가하여 표선까지 채우고(거품이 생기면 알코올 한방울을 가한다) 여과하여 처음 여액 10 mL는 버리고 나머지 여액을 시험용액으로 한다.

- 시험조작 : 시험용액 각 5 mL를 2개의 시험관에 취하고 시험용액 관에는 물 5 mL를, 공시험용액 관에는 0.2% 아황산수소나트륨용액 5 mL를 넣어 잘 혼합한 다음 시험용액은 물을, 공시험용액은 0.1% 아황산수소나트륨용액을 대조액으로 하여 284 nm와 336 nm에서 각각의 흡광도를 측정한다.

- 계산

$$\text{히드록시메틸푸르푸랄}(mg/kg) = \frac{(A_{284} - A_{336}) \times 149.7 \times 5}{S}$$

A_{284} 및 A_{336} : 각 파장에서의 흡광도치(시험용액-공시험용액)
S : 검체의 채취량(g)

[액체크로마토그래피법]

- 표준용액 제조 : HMF(hydroxymethylfurfural) 1 mg/100 mL(10 ppm)액을 조제하여 10, 5, 2.5, 1, 0.5 ppm액으로 희석(벌꿀 중 함량의 10배량에 대응)

- 검체용액 제조 : 벌꿀 약 5g을 정밀히 달아 물 50 mL 메스플라스크에 녹여 0.45 ㎛로 여과하여 시험용액으로 한다.

- 측정조건
  ① 검출기 : UV 검출기
  ② 컬럼 : C_{18} 컬럼과 동등한 것
  ③ 주입량 : 20 ㎕
  ④ 이동상 : 물 : 메탄올 = 90 : 10
  ⑤ 유속 : 1.0~1.5 mL/min
  ⑥ 파장 : 280 nm

• 계산

$$HMF(\text{mg/kg}) = 표준용액농도 \times \frac{시료용액면적}{표준용액면적} \times \frac{시료용액부피}{시료무게}$$

26. 비타민류

「식품의 기준 및 규격」제7. 일반시험법 2. 식품성분시험법 2.2 미량영양성분시험법 2.2.2 비타민류

27. 진공도

「식품의 기준 및 규격」제7. 일반시험법 1. 식품일반시험법 1.4 진공도(통·병조림식품)

진공계를 이용하여 용기내의 압력을 측정하여 통·병조림 식품으로서 적합한 제품인지를 시험하는 것이다. 오른손의 엄지와 인지 사이에 진공계를 잡고 진공계의 침(고무가 부착된 부분)을 관 두껑 역륜(Expansion Ring)의 볼록한 부분에 밀착 삽입시켜서 진공도를 측정한다. 이 때 진공계의 끝이 관 두껑에 밀착하도록 주의하고 측정시의 통조림의 온도는 15℃에서 한다. 다만, 타원형 혹은 사각형의 통조림에 있어서는 관 내용물이 진공계의 침공을 폐쇄시킬 수 있으므로 이때는 관을 세워 그 타원의 한쪽을 위로해서 그 중심부에 진공계의 침을 밀착 삽입시켜서 그 진공도를 측정한다.

식품, 축산물 및 건강기능식품의 유통기간 설정실험 가이드라인(민원인 안내서)

미생물학적 실험

지표	실험방법
세균수	「식품의 기준 및 규격」 제7. 일반시험법 4. 미생물시험법 4.5 세균수
내열성세균	「식품의 기준 및 규격」 제7. 일반시험법 4. 미생물시험법 4.3 제조법에 따른 시험용액 20 mL를 멸균중형시험관(18×170 mm)에 넣고 끓는 물 속에 10분간 넣어 가열한 후 일반세균수 표준평판법에 준하여 실시한다. 다만 배양조건을 35~37℃에서 48±3시간으로 한다.
세균발육	「식품의 기준 및 규격」 제7. 일반시험법 4. 미생물시험법 4.6. 세균발육시험
대장균군	「식품의 기준 및 규격」 제7. 일반시험법 4. 미생물시험법 4.7 대장균군
대장균	「식품의 기준 및 규격」 제7. 일반시험법 4. 미생물시험법 4.8 대장균
유산균수	「식품의 기준 및 규격」 제7. 일반시험법 4. 미생물시험법 4.9 유산균수
진균수	「식품의 기준 및 규격」 제7. 일반시험법 4. 미생물시험법 4.10 진균수(효모 및 사상균수)
살모넬라	「식품의 기준 및 규격」 제7. 일반시험법 4. 미생물시험법 4.11 살모넬라(Salmonella spp.)
황색포도상구균	「식품의 기준 및 규격」 제7. 일반시험법 4. 미생물시험법 4.12 황색포도상구균(Staphylococcus aureus)
장염비브리오균	「식품의 기준 및 규격」 제7. 일반시험법 4. 미생물시험법 4.13 장염비브리오균(Vibrio parahaemolyticus)
클로스트리디움 퍼프리젠스	「식품의 기준 및 규격」 제7. 일반시험법 4. 미생물시험법 4.14 클로스트리디움 퍼프린젠스(Clostridium perfringens)
바실러스 세레우스	「식품의 기준 및 규격」 제7. 일반시험법 4. 미생물시험법 4.18 바실러스 세레우스(Bacillus cereus)
곰팡이수	「식품의 기준 및 규격」 제7. 일반시험법 1. 식품일반시험법 7.7 곰팡이수(Howard Mold Counting Assay)

1. 세균수

「식품의 기준 및 규격」 제7. 일반시험법 4. 미생물시험법 4.5 세균수

[표준평판법]

표준한천배지에 검체를 혼합 응고시켜 배양 후 발생한 세균 집락수를 계수하여 검체 중의 생균수를 산출하는 방법이다.

- 시험조작 : 「식품의 기준 및 규격」 제7. 일반시험법 4. 미생물시험법 4.3 제조법에 따른 시험용액 1 mL와 10배 단계 희석액 1 mL씩을 멸균 페트리접시 2매 이상씩에 무균적으로 취하여 약 43~45℃로 유지한 표준한천배지(배지 1) 약 15 mL를 무균적으로 분주하고 페트리접시 뚜껑에 부착하지 않도록 주의하면서 조용히 회전하여 좌우로 기울이면서 검체와 배지를 잘 혼합하여 응고시킨다. 확산집락의 발생을 억제하기 위하여 다시 표준한천배지 3~5 mL를 가하여 중첩시킨다. 이 경우 검체를 취하여 배지를 가할 때까지의 시간은 20분 이상 경과하여서는 아니 된다. 응고시킨 페트리접시는 뒤집어 35±1℃에서 48±2시간(시료에 따라서 30±1℃ 또는 35±1℃에서 72±3시간) 배양한다. 집락수의 계산은 확산집락이 없고 1개의 평판당 15~300개의 집락을 생성한 평판을 택하여 집락수를 계산하는 것을 원칙으로 한다. 검액을 가하지 아니한 동일 희석액 1 mL를 대조시험액으로 하여 시험조작의 무균여부를 확인한다.

- 집락수 산정 : 배양 후 생성된 집락수를 신속히 계산한다. 부득이할 경우에는 5℃에 보존시켜 24시간 이내에 산정한다. 집락수의 계산은 확산집락이 없고(전면의 1/2이하 일 때에는 지장이 없음) 1개의 평판당 15~300개의 집락을 생성한 평판을 택하여 집락수를 계산하는 것을 원칙으로 한다. 전 평판에 300개 초과 집락이 발생한 경우 300에 가까운 평판에 대하여 밀집평판 측정법에 따라 계산한다. 전 평판에 15개 미만의 집락만을 얻었을 경우에는 가장 희석배수가 낮은 것을 측정한다.

- 세균수의 기재보고 : 표준평판법에 있어서 검체 1 mL 중의 세균수를 기재 또는 보고할 경우에 그것이 어떤 제한된 것에서 발육한 집락을 측정한 수치인 것을 명확히

하기 위하여 1평판에 있어서의 집락수는 상당 희석배수로 곱하고 그 수치가 표준평판법에 있어서 1 mL 중(1g 중)의 세균수 몇 개라고 기재보고하며 동시에 배양온도를 기록한다. 숫자는 높은 단위로부터 3단계에서 반올림하여 유효숫자를 2단계로 끊어 이하를 0으로 한다.

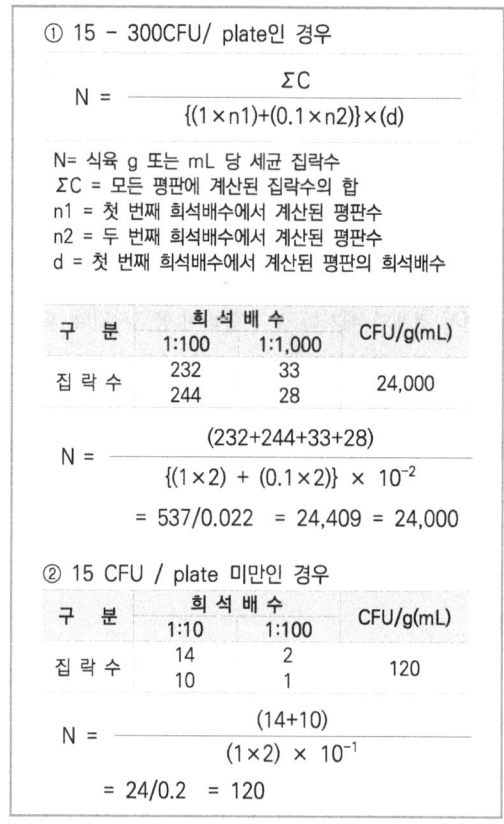

[건조필름법]

- 시험조작 : 「식품의 기준 및 규격」제7. 일반시험법 4. 미생물시험법 4.3 제조법에 따른 시험용액 1 mL와 각 10배 단계 희석액 1 mL를 세균수 건조필름배지(배지

53 또는 69)에 각 2매 이상씩 접종한 후 잘 흡수시키고 35±1℃에서 48±2시간 배양한 후 생성된 붉은 집락수를 계산하고 그 평균집락수에 희석배수를 곱하여 일반세균수로 한다. 균수 산출 및 기재보고는 일반세균수에 따라 한다.

※「식품의 기준 및 규격」제7. 일반시험법 4. 미생물시험법 4.3 제조법(시험용액의 제조)

① 미생물검사용 시료는 25 g(mL)을 대상으로 검사함을 원칙으로 한다. 다만 시료량이 적은 불가피한 경우 그 이하의 양으로 검사할 수도 있다.

② 미생물 정성시험을 할 때 5개 시료에서 각각 채취한 25 g(mL)을 검사하거나 5개 시료에서 25 g(mL)씩 채취하여 섞은(pooling) 125 g(mL)을 검사할 수 있다.

③ 채취한 검체는 희석액을 이용하여 필요에 따라 10배, 100배, 1,000배 등 단계별 희석용액을 만들어 사용할 수 있다.

④ 희석액은 멸균생리식염수, 멸균인산완충액 등을 사용할 수 있다. 단, 별도의 시험 용액 제조법이 제시되는 경우 그에 따른다.

⑤ 검체를 용기 포장한 대로 채취할 때에는 그 외부를 물로 씻고 자연 건조시킨 다음 마개 및 그 하부 5~10㎝의 부근까지 70% 알코올탈지면으로 닦고, 화염멸균 한 후 냉각하고 멸균한 기구로 개봉, 또는 개관하여 2차 오염을 방지하여야 한다.

⑥ 지방분이 많은 검체의 경우는 Tween 80과 같은 세균에 독성이 없는 계면활성제를 첨가하는 것이 좋다.

⑦ 실험을 실시하기 직전에 잘 균질화 하고 검사검체에 따라 다음과 같이 시험용액을 제조한다.
- 액상검체 : 채취된 검체를 강하게 진탕하여 혼합한 것을 시험용액으로 한다.
- 유동상검체 : 채취된 검체를 멸균 유리봉 또는 시약스푼 등으로 잘 혼합한 후 그 일정량(10~25 mL)을 멸균용기에 취해 9배 양의 희석액과 혼합한 것을 시험 용액으로 한다.
- 고체검체 : 채취된 검체의 일정량(10~25 g)을 멸균된 가위와 칼 등으로 잘게 자른 후 희석액을 가해 균질기를 이용해서 가능한 한 저온으로 균질화한다. 여기에 희석액을 가해서 일정량(100~250 mL)으로 한 것을 시험용액으로 한다.
- 고체표면검체 : 검체표면의 일정면적(보통 100 ㎠)을 일정량(1~5 mL)의 희석액

으로 적신 멸균거즈와 면봉 등으로 닦아내어 일정량(10~100 mL)의 희석액을 넣고 강하게 진탕하여 부착균의 현탁액을 조제하여 시험용액으로 한다.
- 분말상검체 : 검체를 멸균 유리봉과 멸균 시약스푼 등으로 잘 혼합한 후 그 일정량(10~25 g)을 멸균용기에 취해 9배 양의 희석액과 혼합한 것을 시험용액으로 한다.
- 버터와 아이스크림류 : 버터와 아이스크림류는 40℃이하의 온탕에서 15분 내에 용해시켜 10 mL를 취한 후 희석액을 가하여 100 mL로 한 것을 시험용액으로 한다.
- 캡슐제품류 : 캡슐을 포함하여 검체의 일정량(10~25 g)을 취한 후 9배 양의 희석액을 가해 균질기 등을 이용하여 균질화한 것을 시험용액으로 한다.
- 냉동식품류 : 냉동상태의 검체를 포장된 상태 그대로 40℃이하에서 될 수 있는 대로 단시간에 녹여 용기, 포장의 표면을 70% 알코올 솜으로 잘 닦은 후 상기의 방법으로 시험용액을 조제한다.
- 칼·도마 및 식기류 : 멸균한 탈지면에 희석액을 적셔, 검사하고자 하는 기구의 표면을 완전히 닦아낸 탈지면을 멸균용기에 넣고 적당량의 희석액과 혼합한 것을 시험용액으로 사용한다.

[자동화된 최확수법]

- 우유류, 유당분해우유, 가공유류(유음료 제외), 조제유류, 분유류, 소 도체, 돼지 도체, 닭 도체, 오리 도체에 한한다.

2. 내열성세균수(세균아포수)

「식품의 기준 및 규격」 제7. 일반시험법 4. 미생물시험법 4.3 제조법에 따른 시험용액 20 mL를 멸균중형시험관(18×170 mm)에 넣고 끓는 물속에 10분간 넣어 가열한 후 일반세균수 표준평판법에 준하여 실시한다. 다만 배양조건을 35~37℃에서 48±3시간 으로 한다.

3. 세균발육

「식품의 기준 및 규격」제7. 일반시험법 4. 미생물시험법 4.6 세균발육시험

- 가온보존시험 : 시료 5개를 개봉하지 않은 용기·포장 그대로 배양기에서 35~37℃에서 10일간 보존한 후, 상온에서 1일간 추가로 방치한 후 관찰하여 용기·포장이 팽창 또는 새는 것은 세균발육 양성으로 하고 가온보존시험에서 음성인 것은 다음의 세균시험을 한다.

- 세균시험 :

  ① 시험용액의 조제 : 검체 5관(또는 병)의 개봉부의 표면을 70% 알코올탈지면으로 잘 닦고 개봉하여 검체 25 g을 희석액 225 mL에 가하여 균질화 시킨다. 이 액의 1 mL를 멸균시험관에 채취하고 희석액 9 mL에 가하여 잘 혼합한 것을 시험용액으로 한다.

  ② 시험법 : 시험용액을 1 mL씩 5개의 티오글리콜린산염 배지(배지 13)에 접종하여 35~37℃에서 48+3시간 배양한 후, 5관 중 어느 하나라도 세균증식이 확인된 것을 세균발육 양성으로 한다.

4. 대장균군

「식품의 기준 및 규격」제7. 일반시험법 4. 미생물시험법 4.7 대장균군

[정성시험-유당배지법]

유당배지를 이용한 대장균군의 정성시험은 추정시험, 확정시험, 완전시험의 3단계로 나눈다. 「식품의 기준 및 규격」제7. 일반시험법 4. 미생물시험법 4.3 제조법에 따른 시험용액 10 mL를 2배 농도의 유당배지(배지 2)에, 시험용액 1 mL 및 0.1 mL를 유당배지(배지 2)에 각각 3개 이상씩 가한다.

- 추정시험 : 시험용액을 접종한 유당배지(배지 2)를 35~37℃에서 24±2시간 배양한 후 발효관내에 가스가 발생하면 추정시험 양성이다. 24±2시간 내에 가스가 발생하

지 아니하였을 때에 배양을 계속하여 48±3시간까지 관찰한다. 이 때까지 가스가 발생하지 않았을 때에는 추정시험 음성이고 가스발생이 있을 때에는 추정시험 양성이며 다음의 확정시험을 실시한다.

- 확정시험 : 추정시험에서 가스 발생한 유당배지발효관으로부터 BGLB 배지(배지 3)에 접종하여 35~37℃에서 24±2시간 동안 배양한 후 가스발생 여부를 확인하고 가스가 발생하지 아니하였을 때에는 배양을 계속하여 48±3시간까지 관찰한다. 가스 발생을 보인 BGLB 배지(배지 3)로부터 Endo 한천배지(배지 5) 또는 EMB 한천배지(배지 6)에 분리 배양한다. 35~37℃에서 24±2시간 배양 후 전형적인 집락이 발생되면 확정시험 양성으로 한다. BGLB배지에서 35~37℃로 48±3시간 동안 배양하였을 때 배지의 색이 갈색으로 되었을 때에는 반드시 완전시험을 실시한다.

- 완전시험 : 대장균군의 존재를 완전히 증명하기 위하여 위의 평판상의 집락이 그람음성, 무아포성의 간균임을 확인하고, 유당을 분해하여 가스의 발생 여부를 재확인한다. 확정시험의 Endo 한천배지(배지 5)나 EMB한천배지(배지 6)에서 전형적인 집락 1개 또는 비전형적인 집락 2개 이상을 각각 유당배지발효관과 보통한천배지(배지 8)에 접종하여 35~37℃에서 48±3시간동안 배양한다. 이때 가스를 발생한 발효관에 해당되는 한천배지의 집락에 대하여 그람음성, 무아포성 간균이 증명되면 완전시험은 양성이며 대장균군 양성으로 판정한다.

[정성시험-BGLB 배지법]

「식품의 기준 및 규격」 제7. 일반시험법 4. 미생물시험법 4.3 제조법에 따른 시험용액 1~0.1 mL를 2개씩 BGLB 배지(배지 3)에 가한다. 대량의 시험용액을 가할 필요가 있을 때에는 대량의 배지를 넣은 발효관을 사용한다.

시험용액을 넣은 BGLB 배지(배지 3)을 35~37℃에서 48±3시간 배양한 후 가스 발생을 인정하였을 때에는(배지를 흔들 때 거품 모양의 가스의 존재를 인정하였을 때에도) Endo 한천배지(배지 5) 또는 EMB 한천배지(배지 6)에 분리 배양한다. 이하의 조작은 가. 유당배지법의 확정시험 또는 완전시험 때와 같이 행하여 대장균군의 유무를 확인한다.

[정성시험-데스옥시콜레이트 유당한천 배지법]

「식품의 기준 및 규격」제7. 일반시험법 4. 미생물시험법 4.3 제조법에 따른 시험용액 1 mL와 10배 단계 희석액 1 mL씩을 멸균 페트리접시 2매 이상씩에 무균적으로 취하고 약 43~45℃로 유지한 데스옥시콜레이트 유당한천배지(배지 9) 또는 VRBA 평판배지(배지 96) 약 15 mL를 무균적으로 분주하고 페트리접시 뚜껑에 부착하지 않도록 주의하면서 회전하여 검체와 배지를 잘 혼합한 후 응고 시킨다. 그리고 그 표면에 동일한 배지 또는 보통한천배지를 3~5 mL를 가하여 중첩시킨다. 이것을 35~37℃에서 24±2시간 배양 한 후 전형적인 암적색의 집락을 인정하였을 때에는 1개 이상의 집락을, 의심스러운 집락일 경우에는 2개 이상을 Endo 한천배지(배지 5) 또는 EMB 한천배지(배지 6)에서 분리 배양한다. 이하의 조작은 가. 유당배지법의 확정시험 또는 완전시험 때와 같이 행하고 대장균군의 유무를 시험한다.

[정량시험-최확수법]

최확수란 이론상 가장 가능한 수치를 말하며 동일 희석배수의 시험용액을 배지에 접종하여 대장균군의 존재 여부를 시험하고 그 결과로부터 확률론적인 대장균군의 수치를 산출하여 이것을 최확수(MPN)로 표시하는 방법이다. 최확수는 연속한 3단계 이상의 희석시료(10, 1, 0.1 또는 1, 0.1, 0.01 또는 0.1, 0.01, 0.001)를 각각 5개씩(별표 1) 또는 3개씩(별표 2) 발효관에 가하여 배양 후 얻은 결과에 의하여 검체 1 mL 중 또는 1 g중에 존재하는 대장균군수를 표시하는 것이다.

예로 검체 또는 희석검체의 각각의 발효관을 5개씩 사용하여 다음과 같은 결과를 얻었다면 최확수표에 의하여 시험검체 1 mL중의 MPN은 70으로 된다. 이 때 접종량이 1, 0.1, 0.01 mL일 때에는 70/10 = 7로 한다. 10, 1, 0.1 mL일 때에는 70/100=0.7로 한다.

시험용액 접종량	0.1 mL	0.01 mL	0.001 mL	MPN
가스발생양성관수	5 개	2 개	2 개	70

시험용액 접종이 4단계 이상으로 행하여졌을 때에는 다음 표와 같이 취급한다.

예	가스발생 양성관수				유효숫자			
	1 mL	0.1 mL	0.01 mL	0.001 mL	1 mL	0.1 mL	0.01 mL	0.001 mL
I	5	5	2	0	-	5	2	0
II	5	4	3	0	5	4	3	-
III	0	1	0	0	0	1	0	-
IV	5	3	1	1	5	3	2	-

예 I, II : 5개 양성을 표시한 최소 접종량부터 시작한다.
예 III : 양성을 인정한 접종량을 중간으로 한다.
예 IV : 최소 유효 접종량 보다 1단계 적은 접종량에서 양성을 인정한 때에는 양성을 인정한 수를 최소유효 접종량의 양성관 수에 더한다(0.001 mL 단계의 양성관의 수를 0.01단계의 양성관의 수에 더함)

- 유당배지법 :「식품의 기준 및 규격」제7. 일반시험법 4. 미생물시험법 4.3 제조법에 따른 연속한 3단계 이상의 희석시료(10, 1, 0.1 또는 1, 0.1, 0.01 또는 0.1, 0.01, 0.001)를 5개 또는 3개씩의 유당배지(배지 2)에 접종한다. 단, 10 mL를 접종할 때에는 두배 농도 유당 배지를 사용하고 0.1 mL 이하를 접종할 필요가 있을 때에는 10배 희석단계액을 각각 1 mL씩 사용한다. 가스발생 발효관 각각에 대하여 추정, 확정, 완전시험을 행하고 대장균군의 유무를 확인한 다음 최확수표로부터 검체 1 mL 또는 1 g중의 대장균군수를 구한다. 이때 시험용액을 가한 배지의 전부 또는 대부분에서 가스발생이 인정되거나 또 최소량을 가한 배지의 전부 또는 대부분이 가스가 발생되지 않도록 접종량과 희석도를 고려하여야 한다.

- BGLB배지법 :「식품의 기준 및 규격」제7. 일반시험법 4. 미생물시험법 4.3 제조법에 따른 연속한 3단계 이상의 희석시료(10, 1, 0.1 또는 1, 0.1, 0.01 또는 0.1, 0.01, 0.001)를 5개 또는 3개씩 BGLB 배지(배지 3)에 각각 접종한다. 단, 10 mL를 접종할 때에는 두배 농도 BGLB 배지를 사용하고 0.1 mL 이하를 접종할 필요가 있을 때에는 10배 희석단계액을 각각 1 mL씩 사용한다. 이때 시험용액을 가한 배지의 전부 또는 대부분에서 가스발생이 인정되거나 또 최소량을 가한 배지의 전부 또는 대부분이 가스가 발생되지 않도록 접종량과 희석도를 고려하여야 한다. 이하의 조작은 각 발효관에 대하여 BGLB 배지에 의한 정성시험법에 따라 하고 대장균군의 유무를 확인한 다음 최확수표로부터 검체 1 mL 또는 1 g중의 대장균군수를 산출한다.

05. 별 첨

[정량시험-데스옥시콜레이트유당한천배지법]

「식품의 기준 및 규격」 제7. 일반시험법 4. 미생물시험법 4.3 제조법에 따른 시험용액 1 mL와 각 10배 단계 희석액 1 mL에 대하여 이 배지에 의한 정성시험법과 같은 조작으로 35~37℃에서 24±2시간 배양한 후 생성된 집락중 전형적인 집락 또는 의심스러운 집락에 대하여 정성시험 때와 같은 조작으로 대장균군의 유무를 결정한다. 균수 산출은 일반세균수에 따라 한다.

[정량시험-건조필름법]

「식품의 기준 및 규격」 제7. 일반시험법 4. 미생물시험법 4.3 제조법에 따른 시험용액 1 mL와 각 10배 단계 희석액 1 mL를 대장균군 건조필름배지 Ⅰ(배지 54) 또는 대장균군 건조필름배지 Ⅱ(배지 70)에 접종한 후, 35±1℃에서 24±2시간 배양한다. 대장균군 건조필름배지 Ⅰ에서는 붉은 집락 중 주위에 기포를 형성한 집락수를 계산하고, 대장균군 건조필름배지 Ⅱ에서는 청색 및 청녹색의 집락수를 계산하여 그 평균집락수에 희석배수를 곱하여 대장균군수를 산출한다. 균수 산출 및 기재보고는 일반세균수에 따라 한다.

[정량시험-자동화된 최확수법(Automated MPN)]

우유류, 저지방우유류, 유당분해우유, 가공유류 (유음료 제외), 발효유류, 가공치즈, 조제유류, 분유류, 건조저장육류, 식육추출가공품, 알가열성형제품, 염지란 검사에 한한다.

5. 대장균

「식품의 기준 및 규격」 제7. 일반시험법 4. 미생물시험법 4.8 대장균

[정성시험-한도시험]

「식품의 기준 및 규격」 제7. 일반시험법 4. 미생물시험법 4.3 제조법에 따른 시험용액 1 mL를 3개의 EC 배지에 접종하고 44.5±0.2℃에서 24±2시간 배양 후 가스발생을 인정한 발효관은 추정시험 양성으로 하고 가스발생이 인정되지 않을 때에는 추정시험 음성으로 한다.

추정시험이 양성일 때에는 해당 EC 발효관으로부터 EMB 배지에 접종하여 35~37℃에서 24±2시간 배양한 후 전형적인 집락을 유당배지 및 보통한천배지로 각각 이식한다. 유당배지에 접종한 것은 35~37℃에서 48±3시간 배양하고 보통한천배지에 접종한 것은 35~37℃에서 24±2시간 배양한다. 유당배지에서 가스발생을 인정하였을 때에는 이에 해당하는 보통한천배지에서 배양된 집락을 취하여 그람염색을 실시하여 그람음성, 무아포성 간균을 확인한 후 생화학 시험을 실시하여 대장균 양성으로 판정한다.

[정량시험-최확수법]

1) 제1법

「식품의 기준 및 규격」 제7. 일반시험법 4. 미생물시험법 4.3 제조법에 따른 연속한 3단계 이상의 희석시료(10, 1, 0.1 또는 1, 0.1, 0.01 또는 0.1, 0.01, 0.001)를 각각 5개 또는 3개의 EC배지(배지 10) 발효관에 접종한 다음 44.5±0.2℃ 항온수조에서 24±2시간 배양한다. 시험용액 10 mL를 첨가할 경우 배농도의 배지 10 mL를 이용한다. 가스발생을 인정한 발효관을 대장균(*E. coli*) 양성이라고 판정하고 별표1 또는 별표2 최확수표에 따라 검체 1 mL 또는 1 g 중의 대장균수를 산출한다.

2) 제2법

- 시험용액의 제조: 패각을 제거한 검체 200 g에 0.1% peptone soultion(시액 9) 200 mL을 첨가하여 마쇄한 후 마쇄액 20 mL과 동일한 희석액(시액 9) 80 mL를 혼합하여 최종 10배 희석한 것을 시험용액으로 한다. 시험용액은 필요에 따라 100배, 1,000배 등으로 희석하여 사용할 수 있다.

- 추정시험: 제조법에 따른 시험용액 10 mL을 5개의 2배 농도 MMGM 배지(배지 71)가 들어있는 시험관에 접종하고, 또 시험용액 1 mL 및 0.1 mL을 각각 5개의 MMGM 배지가 들어있는 시험관에 접종하여 37±1℃에서 24±2시간 배양한다. 배양 결과 시험관내의 배지의 색깔이 노란색으로 되었을 때 추정시험 양성으로 확정시험을 실시한다.

- 확정시험: 추정시험에서 양성으로 확인된 MMGM 시험관 배양액을 BCIG 한천배지(배지 73)에 분리 배양한다. 44±1℃에서 24±2시간 배양 후 청녹색의

(blue-green) 전형적인 집락이 발생되면 대장균(*E. coli*) 양성이라고 판정하고 별표 1 최확수표에 따라 검체 100 g중의 대장균수를 산출한다.

3) 유가공품·식육가공품·알가공품

- 최확수법: 최확수법(3개 또는 5개 시험관을 이용한 MPN법)으로 대장균군수 검사에서 사용한 BGLB배지에서 가스생성 양성인 시험관으로부터 EC-MUG배지(또는 BGLB-MUG, LST-MUG)에 접종하여 44.5℃에서 24시간 배양한 후 자외선 조사하에 푸른 형광이 관찰되는 시험관을 대장균 양성으로 판정하고 최확수표(별표 1 또는 별표 2)에 근거하여 대장균수를 산출한다.

- 대장균 확인시험: 최확수법에서 가스생성과 형광이 관찰된 것은 대장균 추정시험 양성으로 판정하고 대장균의 확인시험은 추정시험 양성으로 판정된 시험관으로부터 EMB배지(또는 MacConkey Agar)에 이식하여 37℃에서 24시간 배양하여 전형적인 집락을 관찰하고 그람염색, MUG시험, IMViC시험, 유당으로부터 가스생성시험 등을 검사하여 최종확인한다. 대장균은 MUG시험에서 형광이 관찰되며, 가스생성, 그람음성의 무아포간균이며, IMViC시험에서 " + + - -"의 결과를 나타내는 것은 대장균(*E. coli*) biotype 1로 규정한다.

[정량시험-건조필름법]

「식품의 기준 및 규격」 제7. 일반시험법 4. 미생물시험법 4.3 제조법에 따른 시험용액 1 mL와 각 단계 희석액 1 mL를 2매 이상씩 대장균 건조필름배지Ⅰ(배지 55) 또는 대장균 건조필름배지Ⅱ(배지 71)에 접종한 후, 35±1℃에서 24~48시간 배양한다. 대장균 건조필름배지Ⅰ에서는 푸른 집락 중 주위에 기포를 형성한 집락수를 계산하고, 대장균 건조필름배지Ⅱ에서는 남색 및 보라색의 집락수를 계산하여 그 평균집락수에 희석배수를 곱하여 대장균 수를 산출한다. 균수 산출 및 기재보고는 일반세균수에 따라 한다.

[정량시험-자동화된 최확수법(Automated MPN)]

자연치즈, 식육추출가공품, 닭 도체, 오리 도체에 한한다.

별표1. 3단계희석 시험관 5개씩 시험하였을 때 양성에 대한 최확수(95%의 신뢰한계)

양성시험관수 0.1 0.01 0.001	MPN/ g(mL)	양성시험관수 0.1 0.01 0.001	MPN/ g(mL)	양성시험관수 0.1 0.01 0.001	MPN/ g(mL)	양성시험관수 0.1 0.01 0.001	MPN/ g(mL)	양성시험관수 0.1 0.01 0.001	MPN/ g(mL)	양성시험관수 0.1 0.01 0.001	MPN/ g(mL)
0 0 0	<1.8	1 0 0	2	2 0 0	4.5	3 0 0	7.8	4 0 0	13	5 0 0	23
0 0 1	1.8	1 0 1	4	2 0 1	6.8	3 0 1	11	4 0 1	17	5 0 1	31
0 0 2	3.6	1 0 2	6	2 0 2	9.1	3 0 2	13	4 0 2	21	5 0 2	43
0 0 3	5.4	1 0 3	8	2 0 3	12	3 0 3	16	4 0 3	25	5 0 3	58
0 0 4	7.2	1 0 4	10	2 0 4	14	3 0 4	20	4 0 4	30	5 0 4	76
0 0 5	9	1 0 5	12	2 0 5	16	3 0 5	23	4 0 5	36	5 0 5	95
0 1 0	1.8	1 1 0	4	2 1 0	6.8	3 1 0	11	4 1 0	17	5 1 0	33
0 1 1	3.6	1 1 1	6.1	2 1 1	9.2	3 1 1	14	4 1 1	21	5 1 1	46
0 1 2	5.5	1 1 2	8.1	2 1 2	12	3 1 2	17	4 1 2	26	5 1 2	63
0 1 3	7.3	1 1 3	10	2 1 3	14	3 1 3	20	4 1 3	31	5 1 3	84
0 1 4	9.1	1 1 4	12	2 1 4	17	3 1 4	23	4 1 4	36	5 1 4	110
0 1 5	11	1 1 5	14	2 1 5	19	3 1 5	27	4 1 5	42	5 1 5	130
0 2 0	3.7	1 2 0	6.1	2 2 0	9.3	3 2 0	14	4 2 0	22	5 2 0	49
0 2 1	5.5	1 2 1	8.2	2 2 1	12	3 2 1	17	4 2 1	26	5 2 1	70
0 2 2	7.4	1 2 2	10	2 2 2	14	3 2 2	20	4 2 2	32	5 2 2	94
0 2 3	9.2	1 2 3	12	2 2 3	17	3 2 3	24	4 2 3	38	5 2 3	120
0 2 4	11	1 2 4	15	2 2 4	19	3 2 4	27	4 2 4	44	5 2 4	150
0 2 5	13	1 2 5	17	2 2 5	22	3 2 5	31	4 2 5	50	5 2 5	180
0 3 0	5.6	1 3 0	8.3	2 3 0	12	3 3 0	17	4 3 0	27	5 3 0	79
0 3 1	7.4	1 3 1	10	2 3 1	14	3 3 1	21	4 3 1	33	5 3 1	110
0 3 2	9.3	1 3 2	13	2 3 2	17	3 3 2	24	4 3 2	39	5 3 2	140
0 3 3	11	1 3 3	15	2 3 3	20	3 3 3	28	4 3 3	45	5 3 3	180
0 3 4	13	1 3 4	17	2 3 4	22	3 3 4	31	4 3 4	52	5 3 4	210
0 3 5	15	1 3 5	19	2 3 5	25	3 3 5	35	4 3 5	59	5 3 5	250
0 4 0	7.5	1 4 0	11	2 4 0	15	3 4 0	21	4 4 0	34	5 4 0	130
0 4 1	9.4	1 4 1	13	2 4 1	17	3 4 1	24	4 4 1	40	5 4 1	170
0 4 2	11	1 4 2	15	2 4 2	20	3 4 2	28	4 4 2	47	5 4 2	220
0 4 3	13	1 4 3	17	2 4 3	23	3 4 3	32	4 4 3	54	5 4 3	280
0 4 4	15	1 4 4	19	2 4 4	25	3 4 4	36	4 4 4	62	5 4 4	350
0 4 5	17	1 4 5	22	2 4 5	28	3 4 5	40	4 4 5	69	5 4 5	430
0 5 0	9.5	1 5 0	13	2 5 0	17	3 5 0	25	4 5 0	41	5 5 0	240
0 5 1	11	1 5 1	15	2 5 1	20	3 5 1	29	4 5 1	48	5 5 1	350
0 5 2	13	1 5 2	17	2 5 2	23	3 5 2	32	4 5 2	56	5 5 2	540
0 5 3	15	1 5 3	19	2 5 3	26	3 5 3	37	4 5 3	64	5 5 3	920
0 5 4	17	1 5 4	22	2 5 4	29	3 5 4	41	4 5 4	72	5 5 4	1,600
0 5 5	19	1 5 5	24	2 5 5	32	3 5 5	45	4 5 5	81	5 5 5	>1,600

별표2. 3단계희석 시험관 3개씩 시험하였을 때 양성에 대한 최확수(95%의 신뢰한계)

양성시험관수			MPN/g(mL)	양성시험관수			MPN/g(mL)
0.1	0.01	0.001		0.1	0.01	0.001	
0	0	0	<3	2	0	0	9.1
0	0	1	3	2	0	1	14
0	0	2	6	2	0	2	20
0	0	3	9	2	0	3	26
0	1	0	3	2	1	0	15
0	1	1	6.1	2	1	1	20
0	1	2	9.2	2	1	2	27
0	1	3	12	2	1	3	34
0	2	0	6.2	2	2	0	21
0	2	1	9.3	2	2	1	28
0	2	2	12	2	2	2	35
0	2	3	16	2	2	3	42
0	3	0	9.4	2	3	0	29
0	3	1	13	2	3	1	36
0	3	2	16	2	3	2	44
0	3	3	19	2	3	3	53
1	0	0	3.6	3	0	0	23
1	0	1	7.2	3	0	1	39
1	0	2	11	3	0	2	64
1	0	3	15	3	0	3	95
1	1	0	7.3	3	1	0	43
1	1	1	11	3	1	1	75
1	1	2	15	3	1	2	120
1	1	3	19	3	1	3	160
1	2	0	11	3	2	0	93
1	2	1	15	3	2	1	150
1	2	2	20	3	2	2	210
1	2	3	24	3	2	3	290
1	3	0	16	3	3	0	240
1	3	1	20	3	3	1	460
1	3	2	24	3	3	2	1100
1	3	3	29	3	3	3	>1,100

6. 유산균수

「식품의 기준 및 규격」 제7. 일반시험법 4. 미생물시험법 4.9 유산균수

[유산균수]

유산균수 측정방법은 MRS 배지(배지 87), BL 한천배지(배지 15) 또는 BCP첨가 평판측정용 배지(배지 11)를 사용하여 유산균의 집락을 계수한다. 시험용액 제조 희석액은 멸균생리식염수(시액 2) 또는 펩톤식염완충액(시액 7)을 사용한다. 검사시료 10～25 g(mL)에 9배 희석액을 가하여 100～250 mL가 되게 하고 균질화한다(10-1용액). 시험용액(10-1용액) 1 mL에 희석액을 가하여 10 mL가 되게 하고 10-2시험용액을 만든 후 동일하게 조작하여 희석한다.

MRS 배지(배지 87)와 BCP첨가 평판측정용 배지(배지 11)는 일반세균수의 표준평판법에 준하여 시험하고, BL 한천배지(배지 15)는 각 희석 시험용액 0.1 mL씩을 BL 한천배지(배지 15) 2매 이상에 접종하여 멸균초자봉으로 도말한다. 시료가 접종된 페트리디쉬는 35～37℃에서 48～72±3시간 혐기배양(발효유류의 경우 호기 배양 가능)한다. 배양 후 생성된 집락수를 측정하고 희석배수를 곱하여 검사시료 g당 균수를 산출한다.

[유산간구균 및 비피더스균]

이 시험법은 유산간·구균 단순첨가(함유)제품(과자류, 코코아가공품류 또는 초콜릿류, 기타음료, 우유류, 아이스크림류 등)이거나 유산간·구균과 비피더스균을 구분하여 산정해야 하는 경우에 한한다.

유산간·구균은 BCP첨가 평판측정용배지(배지 11)를 사용하고, 비피더스균은 TOS-MUP 배지(배지 25)를 사용한 시험방법에 따라 시험한 후 산출한다.

BCP첨가 평판측정용배지(배지 11)를 사용하는 경우, 일반세균수의 표준평판법에 준하여 시험하며, 35～37℃에서 48～72±3시간 호기 또는 혐기 배양한 후 발생한 황색의 집락을 유산균으로 계수한다. TOS-MUP 배지(배지 25)를 사용하는 경우,

일반세균수의 표준평판법에 준하여 시험하고, 35~37℃에서 48~72±3시간 혐기배양한다. 모든 시험에서는 시험용액을 가하지 아니한 동일 희석액 0.1 mL를 대조시험액으로 하여 시험조작의 무균여부를 확인한다.

7. 진균수

「식품의 기준 및 규격」 제7. 일반시험법 4. 미생물시험법 4.10 진균수(효모 및 사상균수)

진균수의 측정방법은 일반세균수 표준평판법에 준하여 시험한다. 다만, 배지는 포테이토 덱스트로오즈 한천배지(배지 12)를 사용하여 25℃에서 5~7일간 배양한 후 발생한 집락수를 계산하고 그 평균집락수에 희석배수를 곱하여 진균수로 한다.

8. 살모넬라(Salmonella spp.)

「식품의 기준 및 규격」 제7. 일반시험법 4. 미생물시험법 4.11 살모넬라(Salmonella spp.)

- 증균배양 : 시료 25 mL(g)에 225 mL의 펩톤식염완충액(Buffered Peptone Water)를 첨가하여 36±1℃에서 18~24시간 배양한 후 이 배양액을 2종류의 증균배지, 즉 10 mL의 Tetrathionate 배지(배지 87)에 1 mL를 첨가함과 동시에 10 mL의 RV배지(배지 57) 또는 RVS 배지(배지 88)에 0.1 mL를 첨가하여 각각 35±1℃(Tetrathionate 배지) 및 42±0.5℃(RV 배지 또는 RVS 배지)에서 20~24시간 동안 증균 배양한다.

- 분리배양 : 각각의 증균배양액을 XLD Agar(배지 58) 및 BG Sulfa 한천배지(배지 90)[Bismuth Sulfite 한천배지(배지 64), Desoxycholate Citrate 한천배지(배지 31), HE 한천배지(배지 91), XLT4 한천배지(배지 92)]에 도말한 후 36±1℃에서 20~24시간 배양한다. 의심집락은 5개 이상 취하여 확인시험을 실시한다.

- 확인시험
  ① 생화학적 확인시험
     의심스러운 집락에 대해 TSI Agar(배지 32) 또는 LIA 사면배지(배지 93)에 천자하

여 37±1℃에서 20~24시간 배양한다. TSI 및 LIA 검사결과 살모넬라균으로 추정되는 균에 대해서는 그람음성의 간균임을 확인하고, Indo(-), MR(+), VP(-), Citrate(+), Urease(-), Lysine(+), KCN(-), malonate(-) 시험등의 생화학적 검사를 실시하여 살모넬라 양성유무를 판정한다.

② 응집시험

균종 확인이 필요한 경우 살모넬라진단용 항혈청을 사용한 응집반응 결과에 따라 균종을 결정한다. 먼저 살모넬라 O혼합혈청 시험으로서 다가 O항혈청을 사용하여 슬라이드 응집반응검사를 실시한 후 살모넬라 O인자 혈청시험 즉 A, B, C, D, E군 등의 인자 항혈청으로 슬라이드 응집반응을 실시하여 O혈청형을 결정한다. H인자 혈청시험은 편모(H)항혈청 즉 a, b, c, d, e, h, k, l, r, y, 1.2, 1.3, 1.5, 1.6 등에 대해 시험관 응집반응을 실시하여 결정한다.

9. 황색포도상구균(*Staphylococcus aureus*)

「식품의 기준 및 규격」제7. 일반시험법 4. 미생물시험법
4.12 황색포도상구균(*Staphylococcus aureus*)

[정성시험법]

- 증균배양 : 검체 25 g 또는 25 mL를 취하여 225 mL의 10% NaCl을 첨가한 TSB 배지(배지 23)에 가한 후 35~37℃에서 18~24시간 증균배양한다.

- 분리배양 : 증균 배양액을 난황첨가 만니톨 식염한천배지(배지 14) 또는 Baird-Parker 한천배지(배지 63) 또는 Baird-Parker(RPF) 한천배지(배지 67)에 접종하여 35~37℃에서 18~24시간 배양한다. 배양결과 난황첨가만니톨 식염한천배지에서 황색불투명 집락을 나타내고 주변에 혼탁한 백색환이 있는 집락 또는 Baird-Parker 한천배지에서 투명한 띠로 둘러싸인 광택이 있는 검정색 집락 또는 Baird-Parker(RPF) 한천배지에서 불투명한 환으로 둘러싸인 검정색 집락은 확인시험을 실시한다.

- 확인시험 : 분리배양된 평판배지상의 집락을 보통한천배지(배지 8)에 옮겨 35~37℃

에서 18~24시간 배양한 후 그람염색을 실시하여 포도상의 배열을 갖는 그람양성 구균을 확인한다. 포도상의 배열을 갖는 그람양성 구균을 확인한 후 coagulase 시험을 실시하며 24시간 이내에 응고유무를 판정한다. Baird-Parker(RPF) 한천배지에서 전형적인 집락으로 확인된 것은 coagulase 시험을 생략할 수 있다. Coagulase 양성으로 확인된 것은 생화학 시험을 실시하여 판정한다.

[정량시험법]

- 균수 측정 : 검체 25 g 또는 25 mL를 취한 후, 225 mL의 희석액을 가하여 2분간 고속으로 균질화하여 시험용액으로 하여 10배 단계 희석액을 만든 다음 각 단계별 희석액을 Baird-Parker 한천배지(배지 63) 3장에 0.3 mL, 0.4 mL, 0.3 mL씩 총 접종액이 1 mL이 되게 도말한다. 사용된 배지는 완전히 건조시켜 사용하고 접종액이 배지에 완전히 흡수되도록 도말한 후 10분간 실내에서 방치시킨 후 35~37℃에서 48±3시간 배양한 다음 투명한 띠로 둘러싸인 광택의 검정색 집락을 계수한다.

- 확인시험 : 계수한 평판에서 5개 이상의 전형적인 집락을 선별하여 보통한천배지(배지 8)에 접종하고 35~37℃에서 18~24시간 배양한 후 정성시험 3) 확인시험에 따라 시험을 실시한다.

- 균수계산 : 확인 동정된 균수에 희석배수를 곱하여 계산한다. 예를 들어 10^{-1} 희석용액을 0.3 mL, 0.3 mL, 0.4 mL씩 3장의 선택배지에 도말 배양하고, 3장의 집락을 합한 결과 100개의 전형적인 집락이 계수되었고 5개의 집락을 확인한 결과 3개의 집락이 황색포도상구균으로 확인되었을 경우 시험용액 1 mL에는 황색포도상구균의 수는 10 × 100 × (3/5) = 600으로 계산한다.

10. 장염비브리오균(*Vibrio parahaemolyticus*)

「식품의 기준 및 규격」 제7. 일반시험법 4. 미생물시험법 4.13. 장염비브리오균(*Vibrio parahaemolyticus*)

[정성시험법]

- 증균배양 : 검체 25 g 또는 25 mL를 취하여 225 mL의 Alkaline 펩톤수(배지 16)를 가한 후 35~37℃에서 18~24시간 증균배양한다.

- 분리배양 : 증균배양액을 TCBS 한천배지(배지 17)에 접종하여 35~37℃에서 18~24시간 배양한다. 배양결과 직경 2~4 mm인 청록색의 서당 비분해 집락에 대하여 확인시험을 실시한다.

- 확인시험 : 분리배양된 평판배지상의 집락을 TSI 사면배지(배지 32), LIM 반유동배지(배지 18), 2% NaCl을 첨가한 보통한천배지(배지 8)에 각각 접종한 후 35~37℃에서 18~24시간 배양한다. 장염비브리오는 TSI 사면배지(배지 32)에서 사면부가 적색, 고층부는 황색, 가스가 생성되지 않으며 LIM배지에서 Lysine Decarboxylase 양성, Indole 생성, 운동성 양성, Oxidase시험 양성이다.
장염비브리오로 추정된 균은 0, 3, 8 및 10% NaCl을 가한 Alkaline 펩톤수(배지 16)에 의한 내염성시험, VP 시험(배지 19), Mannitol 이용성시험(배지 20, 1% Mannitol 첨가), Arginine 및 Ornithine 분해시험(배지 21, 1% Arginine 또는 1% Ornithine 첨가), ONPG(배지 22)시험을 실시한다. 장염비브리오는 0% 및 10% NaCl 가한 배지에서 발육 음성, 3% 및 8% NaCl을 가한 배지에서는 발육 양성, VP 음성, 만니톨에서 산생성 양성, Ornithine 분해 양성, Arginine 분해 음성, ONPG 시험 음성, 3% NaCl을 가한 Nutrient Broth, 42℃에서 발육 양성이다.

[정량시험법]

① 균수 측정 : 검체 25 g 또는 25 mL를 취한 후, 225 mL의 희석액을 가하여 2분간 고속으로 균질화하여 시험용액으로 하여 10배 단계 희석액을 만든 다음 각 단계별 희석액을 TCBS 한천배지(배지 17) 3장에 0.3 mL, 0.4 mL, 0.3 mL씩 총 접종액이 1 mL이 되게 도말한다. 사용된 배지는 완전히 건조시켜 사용하고 접종액이 배지에 완전히 흡수되도록 도말한 후 10분간 실내에서 방치시킨 후 35~37℃에서 18~24시간 배양한 다음 청록색의 서당(sucrose) 비분해 집락을 계수한다.

② 확인시험 : 계수한 평판에서 5개 이상의 전형적인 집락을 선별하여 2% NaCl을 첨가한 보통한천배지(배지 8)에 접종하고 35~37℃에서 18~24시간 배양한 후 정성시험의 확인시험에 따라 시험한다.

③ 균수계산 : 확인 동정된 균수에 희석배수를 곱하여 계산한다.

11. 클로스트리디움 퍼프린젠스(*Clostridium perfringens*)

「식품의 기준 및 규격」 제7. 일반시험법 4. 미생물시험법
 4.14. 클로스트리디움 퍼프린젠스(*Clostridium perfringens*)

[정성시험법]

- 증균배양 : 「식품의 기준 및 규격」 제7. 일반시험법 4. 미생물시험법 4.3 제조법에 따른 시험용액 1 mL를 Cooked Meat 배지(배지 33)의 아랫부분에 접종하여 35~37℃에서 18~24시간 동안 혐기배양한다.

- 분리배양 : 카나마이신을 200 ㎍/mL의 농도로 가한 난황 첨가 *Clostridium perfringens* 한천배지(배지 27) 또는 난황첨가 TSC 한천배지(배지 41)에 증균배양액을 접종하여 35~37℃에서 18~24시간 혐기배양 한 결과 *Clostridium perfringens* 한천배지에서 직경 2 mm 정도의 약간 돌기된 유황색으로 주변에 불투명한 백색환이 있는 집락 또는 TSC 한천배지에서 불투명한 환을 가지는 황회색 집락은 확인시험을 실시한다.

- 확인시험 : 분리배양된 평판배지상의 집락을 보통한천배지(배지 8)에 옮겨 35~37℃에서 18~24시간 혐기배양한 후 그람염색을 실시한다. 또 동시에 보통한천배지를 35~37℃에서 18~24시간 호기 배양하여 균의 비발육을 확인한다. 그람양성간균으로 확인된 집락은 glucose, lactose, inositol, raffinose를 1% 가한 4종의 GAM 배지(배지 34)에 옮겨 35~37℃에서 3일간 배양 후 BTB- MR지시약(시액 4)을 가해서 붉은 색으로 변하는 것을 양성으로 판정한다. 운동성은 GAM 배지(배지 34)에서 35~37℃에서 1~2일간 배양하여 운동성의 유무를 관찰한다. Glucose, lactose, inositol과 raffinose를 분해하며 운동성이 없는 것을 확인하면 Lecithinase 억제시험을 실시한다. 난황이 포함된 TSC한천배지(배지 41)에 접종하여 35~37℃에서 24시간 혐기배양한 후 2~4 mm의 불투명한 환을 가지는 황회색 집락을 양성으로 판정한다.

[정량시험법]

- 균수 측정

  검체 25 g 또는 25 mL를 취하여 225 mL의 희석액을 가한 후 1~2분간 저속으로 균질화 한 후 10배 단계 희석액을 만든다. 시험용액 및 단계별 희석액 1 mL씩을 2매 이상의 멸균 페트리접시 무균적으로 분주하고, 43~45℃로 유지한 TSC 한천배지(배지 41) 10~15 mL를 가하여 좌우로 돌리면서 잘 혼합한 후 응고시킨다. 응고된 배지 위에 다시 동일한 배지 10 mL를 가하여 중첩시킨 후 35~37℃에서 24±2시간 혐기 배양한다. 150개 이하의 전형적인 검은색 집락이 확인된 평판을 선별하여 각 집락수를 계수한다.

- 확인시험 : 계수한 평판에서 5개 이상의 전형적인 집락을 선별하여 보통한천배지(배지8)에 접종하고 35~37℃에서 18~24시간 혐기배양한 후 정성시험법의 확인시험에 따라 실시한다.

- 균수계산 : 확인 동정된 균수에 희석배수를 곱하여 계산한다. 예로 10^{-4}에서 85개의 전형적인 집락이 계수되었고, 이 중 5개의 집락을 확인한 결과 4개의 집락이 클로스트리디움 퍼프린젠스로 동정되었을 경우 85 × (4/5) × 10,000 = 680,000으로 계산한다.

12. 바실러스 세레우스(*Bacillus cereus*)

「식품의 기준 및 규격」 제7. 일반시험법 4.18. 미생물시험법
  4.18. 바실러스 세레우스(*Bacillus cereus*)

[정성시험]

- 분리배양 : 검체 25 g 또는 25 mL를 취하여 225 mL의 희석액을 가하여 균질화한 검액을 MYP한천배지(배지 46)에 접종하여 30℃에서 24시간 배양한다. 배양 후 혼탁한 환을 갖는 분홍색 집락을 선별한다. 이 때 명확하지 않을 경우 24시간 더 배양하여 관찰한다.

- 확인시험 : MYP 한천배지에서 전형적인 집락을 선별하여 보통한천배지(배지 8)에 접종하고 30℃에서 24시간 배양한다. 배양 후 그람염색을 실시하여 포자를 갖는 그람양성 간균을 확인하고, 확인된 균은 nitrate 환원능, VP, β-hemolysis, tyrosine 분해능, 혐기배양시의 포도당 이용 등의 생화학시험을 실시하며, 추가로 30℃, 24시간 그리고 상온, 2~3일 추가 배양하여 곤충독소단백질(Insecticidal crystal protein) 생성 확인시험[주]도 실시한다.

[주] 이 시험법은 *Bacillus cereus*와 *Bacillus thuringiensis*를 구분하는 시험법으로, 보통한천배지에 30℃, 24시간 그리고 상온 2~3일 추가 배양한 후 직접 또는 염색하여 현미경 관찰결과(×1000배), 곤충독소단백질이 확인되면 *Bacillus thuringiensis*로 한다.

[정량시험]

- 균수 측정 : 검체 25 g 또는 25 mL를 취한 후, 225 mL의 희석액을 가하여 2분간 고속으로 균질화하여 시험용액으로 한다. 희석액을 사용하여 10배 단계 희석액을 만든다. MYP 한천평판배지(배지 46)에 단계별 희석용액 0.2 mL씩 5장을 도말하여 총 접종액이 1 mL이 되게 한 후 30℃에서 24±2시간 배양한 후 집락 주변에 lecithinase를 생성하는 혼탁한 환이 있는 분홍색 집락을 계수한다.

- 확인시험 : 계수한 평판에서 5개 이상의 전형적인 집락을 선별하여 보통한천배지(배지 8)에 접종하고 30℃에서 18~24시간 배양한 후 정성시험의 확인시험에 따라 확인시험을 실시한다.

- 균수계산 : 확인 동정된 균수에 희석배수를 곱하여 계산한다. 예로 10^{-1} 희석용액을 0.2 mL씩 5장 도말 배양하여 5장의 집락을 합한 결과 100개의 전형적인 집락이 계수되었고 5개의 집락을 확인한 결과 3개의 집락이 바실러스 세레우스로 확인되었을 경우 100×(3/5)×10= 600으로 계산한다.

12. 곰팡이수

「식품의 기준 및 규격」 제7. 일반시험법 1. 식품일반시험법
1.7 곰팡이수(Howard Mold Counting Assay)

- 고춧가루, 천연향신료, 향신료조제품 등에 적용

- 균질기 : 변속 가능한 균질기로서 4~8개의 날카로운 스테인리스 교반날이 200 mL 용량의 스테인리스 컵 용기의 바닥 부근에서 회전하며 최소 0~10,000 rpm의 회전속도가 가능하고 회전속도계가 붙어 있는 균질기를 사용한다.

- 하워드곰팡이계수슬라이드(Howard Mold Counting slide) : 외호에 의해 둘러싸인 20 × 15 mm 크기의 사각의 한 조각으로 된 유리슬라이드이다. 검체점적평면의 양쪽 측면 커버글라스 받침대가 검체점적 평면보다 0.1 mm 더 높게 나란히 솟아올리 있다. 거비글라스가 받침대 위에 올려지면 검체점직평면과 커버글라스 사이의 깊이가 0.1 mm가 되는 것을 사용한다.

- 현미경 : 4개의 무채색 대물렌즈가 장착 되어 있고 10~400배 배율로 관찰이 가능한 것을 사용한다.

- 시약 및 시액
  ① 1% NaOH용액
  ② 실리카겔액 소포제 또는 2-옥탄올(2-octanol)
  ③ 안정액(5% 펙틴용액) : 교반기에 85℃ 물 475 mL를 넣고 교반하면서 펙틴 25 g을 소량씩 첨가하면서 용해시킨다.

- 시험용액의 조제 : 검체 5 g을 평량하여 균질기에 넣는다. 1% NaOH용액 100 mL를 2회로 나누어 넣고, 1회 첨가 시는 약 30 mL를 넣고 10,000 rpm에서 5초간 혼합한 다음 나머지 약 70 mL로는 균질기 내벽의 부착물을 씻어 내린다. 다시 균질기 내의 혼합물을 10,000 rpm에서 3분간 교반한 후 실리카겔소포제 3~4방울을 떨어뜨려 거품을 제거하고 위의 혼합물 100 g을 25 g의 안정액과 혼합하여 현미경 검경검체로 한다.

- 시험조작
① 현미경 검경검체의 조작 : 하워드곰팡이계수슬라이드의 검체평면에 스포이드를 이용하여 검체를 점적한다. 점적된 검체에서 큰 검체 조각이나 씨 등을 마이크로핀셋으로 집어낸 후 얼룩이 지거나 선이 생기지 않도록 조심스럽게 커버글라스를 얹는다. 그런 다음 현미경의 제물대 위에 하워드곰팡이계수슬라이드를 끼운다.
② 곰팡이 균사의 진단 : 현미경의 100~450배에서 관찰할 때 곰팡이 균사는 다음의 외관특성을 지닌다.
  - 세포벽의 평행 : 곰팡이 균사는 튜브형태이고 대개의 경우 균사의 직경은 전체의 길이에서 일정하다. 이들 균사체의 세포벽은 현미경하에서 평행하게 보이며 이것이 다른 섬유질과 구별하여 곰팡이로 인식하는 가장 유용한 특징이다. 예외적인 경우로 몇몇 큰 곰팡이의 경우 세포벽이 붕괴되거나 꼬여 있을 수 있으며 어떤 곰팡이의 균사체는 측면을 따라 부풀어 있어 세포벽이 평행하지 않기도 하다. Mucor속이나 Giatrichum속은 흔히 차차 가늘어지기도 한다. Mucor속과 몇몇 곰팡이들은 격벽이 없다.
  - 분설 : 대부분의 곰팡이 균사는 격벽에 의해 분절되어 있나. 몇몇 식물의 섬모도 분절된 형태를 보이지만 이들의 세포벽은 흔히 날카롭게 정점을 이루면서 한점으로 수렴되는 뾰족한 형태를 하고 있는 점이 곰팡이의 분절과 다르다.
  - 입자형성 : 얇은 벽을 지닌 버너형의 균사체는 세포벽에서 관찰할 수 있는 원형질을 포함하고 있으며 고배율에서 입자상을 나타낸다. 이러한 형태는 대형의 Mucor속에서 가장 선명하게 볼 수 있다. 탄저를 일으키는 곰팡이와 같은 미세한 종류의 곰팡이는 원형질 입자가 선명하지 않다.
  - 분지 : 곰팡이 균사가 짧은 경우를 제외하고는 대부분이 다양한 분지를 보인다. 분지가 있는 상태라면 곰팡이로 인식할 수 있는 뚜렷한 특성의 하나이다.
  - 균사의 말단 : 천연의 균사체 끝은 마치 손가락의 끝처럼 항상 뭉툭하고 둥글다. 끝이 날카로운 균사체는 번식 중에 있는 균사를 제외하고는 드물다. 깨진 균사체의 끝은 정상적으로 사각형을 이룬다.
  - 비굴절성의 외관 : 균사는 빛을 강하게 반사시키지 않는 것이 특징이다. 곰팡이 검체조제 시에 곰팡이 균사와 닮은 구조를 하고 있으나 빛을 강하게 반사시키는 것은 곰팡이가 아닌 경우이다. 퍼진 나선형태의 두꺼워진 식물도관의 벽과 같은

것이 그 예이다. 이들은 고체유리나 플라스틱 막대가 빛을 반사시키는 것처럼 빛을 강하게 반사시킨다.

③ 양성구획의 판정 : 1개의 가시구획에 대하여 양성 혹은 음성으로 판정한다. 어떤 구획도 한번 이상 양성으로 판정하여서는 아니 된다. 1개의 구획이 양성으로 판정되기 위해서는 3개 이하의 곰팡이 균사의 총길이(합친 길이)가 가시구획 직경의 1/6을 넘어야 한다. 대부분의 양성구획은 분지의 길이를 포함하여 1개의 균사의 길이를 근거로 판정되며 가시구획 직경의 1/6을 초과하여야 한다. 아래의 길이 중 하나가 가시구획 직경의 1/6을 넘으면 그 가시구획은 양성으로 판정한다.

· 분지되지 않은 1개의 균사의 길이
· 분지된 길이를 합산한 1개의 균사의 길이(총길이)
· 2개의 균사의 길이를 합산한 길이
· 3개의 균사의 길이를 합산한 길이
· 곰팡이 덩어리로 이루어진 모든 균사의 총길이(곰팡이 덩어리는 1개의 조각으로 취급하며 모든 균사의 총길이)

④ 현미경 검경 : 조동나사와 미동나사를 적절히 조절하여 90~125배의 배율범위에서 가시구획의 물체들이 선명하게 보이도록 초점을 맞춘다. 검체평면에 아래 그림과 같이 25개의 원형의 가시구획을 설정하고 번호순서대로 곰팡이 균사체의 각 가시구획의 곰팡이 균사체 양성 또는 음성에 대해 판정한다.

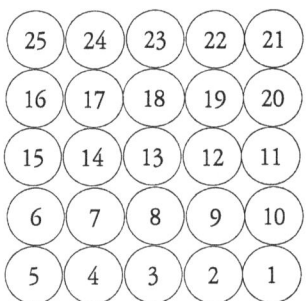

1번 가시구획에서부터 25번 가시구획으로 옮겨 가면서 검경하여 각 가시구획별로 곰팡이 균사체의 양성 또는 음성에 대하여 판정한다. 1번에서 25번 구획까지 검경이 끝나면 하워드곰팡이계수슬라이드를 현미경에서 빼내어 세척하고 건조한

다. 동일 시험용액을 사용하여 다시한번 가)의 시험조작을 반복하고 25번 구획부터 1번 구획으로 옮겨 가면서 검경을 실시하여 총 50개 가시구획에 대하여 양성 또는 음성을 판정한다.

- 계산 : 관찰된 모든 구획(50개)을 검경한 결과 양성으로 판정된 구획의 비율%(양성인 가시구획 / 검경한 총가시구획수) × 100 = 양성비율%

식품, 축산물 및 건강기능식품의 유통기간 설정실험 가이드라인(민원인 안내서)

관능적 실험

지표	평가항목	적용 식품유형	실험방법
관능 (성상)	외관 풍미(향) 조직감 맛	모든 식품	1) 「식품의 기준 및 규격」 제7. 일반시험법 1. 일반시험법 1.1 성상(관능시험) 2) 「식품의 기준 및 규격」 제7. 일반시험법 6. 식품별 규격 확인 시험법 6.14 수산물 6.14.1 성상(관능검사) 3) 식품, 축산물 및 건강기능식품의 의 유통기간 설정실험 가이드라인 Ⅳ. 유통기간 설정을 위한 관능검사 가이드라인 표 8. 기호도 척도법 4) 식품 및 축산물 및 건강기능식품의 유통기간 설정실험 가이드라인 Ⅳ. 유통기간 설정을 위한 관능검사 가이드라인 표 6. 기준차 이검사법

평가항목별 세부 평가항목

평가항목	세부 평가항목	적용 식품유형		실험방법
외관	곰팡이	과자류 캔디류 빵류/떡류/만두류 코코아가공품류 초콜릿류 잼류 설탕 포도당 과당 엿류 당시럽류 올리고당류	면류 장류(메주제외) 소스류 향신료가공품 복합조미식품 건포류 땅콩/견과류가공품 전분 밀가루 찐쌀 생식류	별도 실험방법은 없으며 식품 특성을 시각, 후각, 미각, 촉각 및 청각으로 감지되는 반응을 측정
	드립(drip)	어육가공품		
	침전물	다류 커피 음료류	식초 주류	

평가항목	세부 평가항목	적용 식품유형		실험방법
풍미(향)	케이킹 (뭉침)	음료류(분말제품) 카레 땅콩/견과류가공품	전분 밀가루	
	분리상태	드레싱, 마요네즈		
	색택	유탕·유처리식품		
	외형	통·병조림 레토르트		
	산패취	유탕·유처리식품		
조직감	물성	과자류(젤리)		「식품의 기준 및 규격」 제7. 일반시험법 1. 식품일반시험법 1.5 젤리의 물성시험 (압착강도)
		과자류(젤리 제외) 빵 또는 떡류 김치류 젓갈류	절임식품 레토르트식품 통·병조림식품 냉동식품	
	경도	추잉껌		별도 실험방법은 없으며 식품 특성을 시각, 후각, 미각, 촉각 및 청각으로 감지되는 반응을 측정
	점성	소스류		
	점조성	벌꿀, 로열제리가공품		
	표면균열	캔디류 초콜릿류		
	표면건조	장류(메주, 간장 제외)		
맛	-	미생물학적으로 안전성이 확인된 모든 식품		

식품, 축산물 및 건강기능식품의 유통기간 설정실험 가이드라인(민원인 안내서)

1. 성상

1) 「식품의 기준 및 규격」 제7. 일반시험법 1. 식품일반시험법 1.1 성상(관능시험)

- 성상을 검사하고자 하는 모든 식품에 적용한다.
- 식품 특성을 시각, 후각, 미각, 촉각 및 청각으로 감지되는 반응을 측정
- 식품고유의 색깔, 풍미, 조직감 및 외관을 다음의 성상 채점기준에 따라 채점한 결과 평균 3점 이상이면 1점 항목이 없어야 한다.

항 목	채 점 기 준
색 깔	1. 색깔이 양호한 것은 5점으로 한다. 2. 색깔이 대체로 양호한 것은 그 정도에 따라 4점 또는 3점으로 한다. 3. 색깔이 나쁜 것은 2점으로 한다. 4. 색깔이 현저히 나쁜 것은 1점으로 한다.
풍 미	1. 풍미가 양호한 것은 5점으로 한다. 2. 풍미가 대체로 양호한 것은 그 정도에 따라 4점 또는 3점으로 한다. 3. 풍미가 나쁜 것은 2점으로 한다. 4. 풍미가 현저히 나쁘거나 이미·이취가 있는 것은 1점으로 한다.
조직감	1. 조직감이 양호한 것은 5점으로 한다. 2. 조직감이 대체로 양호한 것은 그 정도에 따라 4점 또는 3점으로 한다. 3. 조직감이 나쁜 것은 2점으로 한다. 4. 조직감이 현저히 나쁜 것은 1점으로 한다.
외 관	1. 병충해를 입은 흔적 및 불가식부분 제거, 제품의 균질 및 성형상태와 포장상태 등 외형이 양호한 것은 5점으로 한다. 2. 제품의 제조·가공상태 및 외형이 비교적 양호한 것은 그 정도에 따라 4점 또는 3점으로 한다. 3. 제품의 제조·가공상태 및 외형이 나쁜 것은 2점으로 한다. 4. 제품의 제조·가공상태 및 외형이 현저히 나쁜 것은 1점으로 한다.

2) 「식품의 기준 및 규격」 제7. 일반시험법 6. 식품별 규격 확인 시험법 6.14 수산물 6.14.1 성상(관능검사)

- 외관, 색깔, 선별 항목은 각 수산물에 공통으로 적용
- 종류별로 검사 항목이 정하여진 것은 이를 포함하여 다음의 채점기준에 따라 채점한 결과가 평균 3점 이상이고 1점 항목이 없어야 한다.

구분	항목	채 점 기 준
공통	외관 (형태)	1. 손상과 변형이 없고, 처리상태가 우량한 것은 5점으로 한다. 2. 손상과 변형이 거의 없고, 처리상태가 양호한 것은 그 정도에 따라 4점 또는 3점으로 한다. 3. 손상과 변형이 있거나 처리상태가 나쁜 것은 2점으로 한다. 4. 손상과 변형이 현저히 많거나 처리상태가 현저히 나쁜 것은 1점으로 한다.
	색깔 (색택)	1. 고유의 색깔이 우량한 것은 5점으로 한다. 2. 고유의 색깔이 양호한 것은 그 정도에 따라 4점 또는 3점으로 한다. 3. 색깔이 나쁜 것은 2점으로 한다. 4. 색깔이 현저히 나쁜 것은 1점으로 한다.
	선별	1. 크기 및 품질이 균일하고 이종품 및 파치품의 혼입이 없는 것은 5점으로 한다. 2. 크기 및 품질이 균일하고 이종품의 혼입이 없고 파치품의 혼입이 거의 없는 것은 그 정도에 따라 4점 또는 3점으로 한다. 3. 크기 및 품질이 약간 불균일하고 이종품의 혼입이 없으며 파치품의 혼입이 있는 것은 2점으로 한다. 4. 크기 및 품질이 불균일하고 이종품의 혼입이 있고 파치품의 혼입이 많은 것은 1점으로 한다.
활어·패류	활력도	1. 살아있고 병충해의 흔적이 없으며 활력도가 우량한 것은 5점으로 한다. 2. 살아있고 병충해의 흔적이 없으며 활력도가 양호한 것은 그 정도에 따라 4점 또는 3점으로 한다. 3. 살아있고 병충해의 흔적이 없으며 활력도가 보통인 것은 2점으로 한다. 4. 살아있고 병충해의 흔적이 있거나 활력도가 불량한 것은 1점으로 한다.
신선 냉장품	선도	1. 선도가 우량하고 고유의 신선취가 있는 것은 5점으로 한다. 2. 선도가 양호하고 고유의 신선취 정도에 따라 4점 또는 3점으로 한다. 3. 선도가 떨어지고 이취(유화수소, 암모니아취)가 약간 있는 것은 2점으로 한다. 4. 선도가 불량하고 이취(유화수소, 암모니아취)가 있는 것은 1점으로 한다.

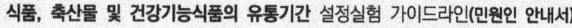

구분	항목	채점 기준
냉동품	선도	1. 선도가 우량하고 고유의 신선취가 있는 것은 5점으로 한다. 2. 선도가 양호하고 고유의 신선취 정도에 따라 4점 또는 3점 으로 한다. 3. 선도가 떨어지고 이취(유화수소, 암모니아취)가 약간 있는 것은 2점으로 한다. 4. 선도가 불량하고 이취(유화수소, 암모니아취)가 있는 것은 1점으로 한다.
	건조 및 유소	1. 충분히 그레이징하거나 포장하여 건조 및 유소현상이 없는 것은 5점으로 한다. 2. 건조 및 유소현상이 비교적 없는 것은 그 정도에 따라 4점 또는 3점으로 한다. 3. 건조 및 유소현상이 보통인 것은 2점으로 한다. 4. 건조 및 유소현상이 심한 것은 1점으로 한다.
건조품	풍미	1. 충해 및 곰팡이가 없고 고유의 풍미가 우량한 것은 5점으로 한다. 2. 충해 및 곰팡이가 없고 고유의 풍미가 양호한 것은 그 정도에 따라 4점 또는 3점으로 한다. 3. 충해 및 곰팡이가 없고 고유의 풍미가 보통인 것은 2점으로 한다. 4. 충해 및 곰팡이가 없고 고유의 풍미가 불량한 것은 1점으로 한다.
염장품	풍미	1. 염분이 육질에 균등히 침투되고 고유의 풍미가 우량한 것은 5점으로 한다. 2. 염분이 육질에 균등히 침투되고 고유의 풍미가 양호한 것은 그 정도에 따라 4점 또는 3점으로 한다. 3. 염분이 육질에 약간 불균일하게 침투되고 고유의 풍미가 보통인 것은 2점으로 한다. 4. 염분이 육질에 불균일하게 침투되고 고유의 풍미가 불량한 것은 1점으로 한다.

3) 식품, 축산물 및 건강기능식품의 유통기간 설정실험 가이드라인 Ⅳ. 유통기간 설정을 위한 관능검사 가이드라인 표 8.기호도 척도법

- 저장기간 중 관능에서 일어난 변화를 종합적인 기호도로 판단할 수 있는 식품

- 표 8의 검사표에 따라 식품의 외관, 향, 맛, 조직감 및 전반적인 기호도를 9점 척도로 평가한 결과 평균 5점 이상이고 1점 항목이 없어야 한다.

4) 식품, 축산물 및 건강기능식품의 유통기한 설정 실험 가이드라인 Ⅳ. 유통기간 설정을 위한 관능검사 가이드라인 표 6. 기준차이검사법

- 저장기간 중 관능에서 일어난 변화를 종합적인 기호도로 판단 할 수 없는 식품(예 : 식용유 등)

- 표 6의 검사표에 따라 기준시료와 차이를 평가한다.

2. 물성(젤리)

「식품의 기준 및 규격」제7. 일반시험법 1. 식품일반시험법 1.5 젤리의 물성시험

- 검체를 일정한 크기로 절단하여 일정한 힘으로 압착하였을 때의 깨짐성을 측정
- 장치
① 절단용 칼(10 mm × 10 mm × 10 mm)
② 물성측정기(Texture Analyzer)
③ 물성측정용 Probe(원형, 직경 35 mm)
- 시험조작 :
① 검체채취 : 검체를 냉장고(8℃)에서 3시간 이상 방치 후 과육이 없는 부위의 젤리부 분만을 가로(10 mm), 세로(10 mm), 높이(10 mm)의 정육면체로 절단하여 검체로 사용 한다.(한 가지 품목에 맛이나 향이 다른 여러 가지 제품이 혼합되어 있을 경우는 각각 구분하여 시험한다)
② 실험 : 검체 1품목당 10개의 검체를 순비하여 아래 표1과 같은 조건에서 압착시험 (깨짐성)을 실시한다.

표 1. Texture Analyzer 측정조건

항목	Conditions
Probe	원형, 직경 35 mm
Pre-test speed	5 mm / sec
Test speed	2 mm / sec
Post-test speed	2 mm / sec
Pressure	98% compression

- 판정
① 프로브 압착 시 첫 번째 피크의 높이(N)로 깨짐성(fracturability)을 측정하여 결과값으로 한다.

② 측정 시 2개의 피크를 그리며 앞 피크의 측정값을 구하여야 한다(뒤의 피크는 단단한 정도를 측정값임).

③ 10개의 검체에 대한 반복실험 결과 값들의 평균값이 5 N (newton)이하여야 적합한 것으로 한다.

- 압착시험(깨짐성)의 예
  ① 첫 번째 피크 : 깨짐성
  ② 두 번째 피크 : 단단한 정도
  ③ Distance : Probe가 검체에 닿는 순간부터 검체가 부서지는 순간까지의 거리(단위: ㎜)

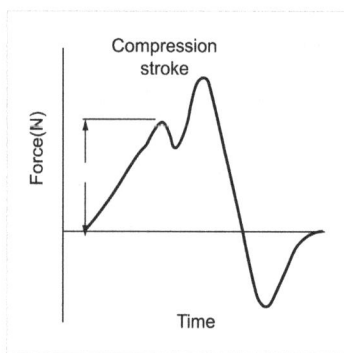

그림 1. 압착시험의 깨짐성 피크

※ 가이드라인 발간 이후 개정된 시험방법이 있을 수 있으니 「식품의 기준 및 규격」을 반드시 확인하시기 바랍니다.

별첨8 식품 유통기간 설정실험 결과보고서 작성 예

[실측실험 예]

실험 결과보고서 요약

제목	"샌드위치"의 유통기간 설정실험				
실험구분	자체실험(○)		의뢰실험( )		
실험기간	년 월 일 ~ 년 월 일				
신청인	업소명	(주) ○○		대표자	○○○
	주소			연락처	
실험수행 기관	기관명			대표자	
	주소			연락처	
실험 참여자	책임자	○○○		연구원	
	연구원	○○○		연구원	
	연구원	○○○		연구원	
	연구원	○○○		연구원	
실험결과	요약				
	◆ 유통기간 실험결과				
	식품유형	설정실험 지표		유통기간(시간)	
				10℃	18℃
	즉석섭취 편의식품류	세균수		72	60
		황색포도상구균		-	-
		바실러스 세레우스		-	-
		대장균		-	-
		관능(기호도척도법)		84	72
		결과		72	60
	실험에 의한 유통기간 : 10℃-72시간, 18℃-60시간				
	최종 유통기한 : 72 × 0.84(안전계수) = 60.48 ≒ 60시간				

식품, 축산물 및 건강기능식품의 유통기간 설정실험 가이드라인(민원인 안내서)

제1장 제품의 특성

구분	신규제품
식품유형	즉석섭취식품
성상	식빵사이에 내용물을 함유하는 형태
사용원료	식빵, 스모크햄
제조·가공공정	원재료 혼합 및 성형 → 포장
포장재질	합성수지재(PE)
포장방법	밀봉
포장단위	단일포장 120g
보존 및 유통온도	냉장
보존료 사용여부	미사용
유탕·유처리	-
살균 또는 멸균방법	-
제품사진*	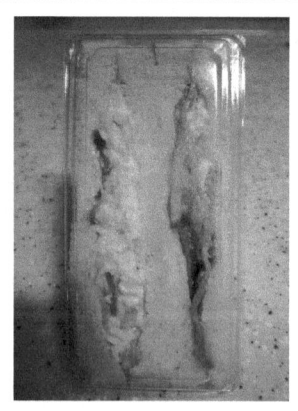

* 본 가이드라인에서는 제품 정보 보호를 위해 투명 포장된 사진을 첨부하였음. 업체에서 실제 시군구에 제출할 때에는 최종 제품의 형태로 가공·포장된 것의 사진을 첨부하여야 함.

제2장 실험방법

가. 검체의 채취 및 취급방법

본 실험에 사용된 제품은 (주)○○○가 시판을 위해 폴리에틸렌으로 포장한 최종 제품 3롯트(101201, 101501, 101621)를 10℃, 18℃ 항온항습기에 4일간 저장시키면서 12시간 간으로 실험을 수행하였다.

나. 설정실험 지표 및 실험방법

	설정실험 지표	실험방법
미생물	세균수	「식품의 기준 및 규격」 제7. 일반시험법 4. 미생물시험법 4.5 세균수
	바실러스 세레우스	「식품의 기준 및 규격」 제7. 일반시험법 4. 미생물시험법 4.18 바실러스 세레우스(Bacillus cereus)
	황색포도상구균	「식품의 기준 및 규격」 제7. 일반시험법 4. 미생물시험법 4.12 황색포도상구균(Staphylococcus aureus)
	대장균	「식품의 기준 및 규격」 제7. 일반시험법 4. 미생물시험법 4.8 대장균
관능	기호도척도법	식품, 축산물 및 건강기능식품의 유통기간 설정실험 가이드라인 Ⅳ. 유통기간 설정을 위한 관능검사 가이드라인 표 8. 기호도 척도법

다. 실험조건

구분	실험조건	구분	실험조건
저장온도	10℃, 18℃	저장기간	96시간
대조구온도	-	실험횟수	9회
유통온도	10℃	실험반복수	3회

식품, 축산물 및 건강기능식품의 유통기간 설정실험 가이드라인(민원인 안내서)

라. 품질한계

설정실험 지표	품질한계	근거
세균수	100,000/g 이하	「식품의 기준 및 규격」 제4. 식품별 기준 및 규격 22-2.즉석섭취·편의식품류 5)규격 (1)세균수
황색포도상구균	100/g이하	「식품의 기준 및 규격」 제4. 식품별 기준 및 규격 22-2.즉석섭취·편의식품류 5)규격 (4)황색포도상구균
바실러스 세레우스	1,000/g이하	「식품의 기준 및 규격」 제4. 식품별 기준 및 규격 22-2.즉석섭취·편의식품류 5)규격 (7)바실러스 세레우스
대장균군	n=5, c=2, m=10, M=100	「식품의 기준 및 규격」 제4. 식품별 기준 및 규격 16-7식육함유가공품 5)규격 (3) 대장균군
관능 (기호도척도법)	5 이상	「식품의 기준 및 규격」 성상시험법 5점 척도 중 3점 이상 적합 기준에 따라 9점 척도 5점 이상을 적합인 것으로 설정

제3장 실험결과

1. 설정실험 지표별 10℃저장온도에서의 품질변화

저장기간 (시간)	세균수	대장균군	황색포도상구균	바실러스 세레우스	관능
0	178	음성	음성	0.00	9.00
12	560	음성	음성	0.00	8.67
24	1,500	음성	음성	0.00	8.67
36	5,100	음성	음성	0.00	8.33
48	13,500	음성	음성	0.00	8.12
60	48,000	음성	음성	0.00	7.67
72	77,000	음성	음성	0.00	7.00
84	210,000	음성	음성	0.00	5.67
96	540,000	음성	음성	0.00	4.67

2. 설정실험 지표별 18℃ 저장온도에서의 품질변화

저장기간(일)	세균수	대장균군	황색포도상구균	바실러스 세레우스	관능
0	178	음성	음성	0.00	9.00
12	900	음성	음성	0.00	8.67
24	4,800	음성	음성	0.00	8.33
36	13,500	음성	음성	0.00	8.00
48	35,500	음성	음성	0.00	7.67
60	90,000	음성	음성	0.00	7.00
72	370,000	음성	음성	0.00	5.33
84	1,370,000	음성	음성	0.00	4.67
96	7,000,000	음성	음성	0.00	3.00

3. 설정실험 지표별 유통기한 산출

설정실험 지표별 품질한계 규격값을 기준으로 한계값에 이르기 바로 직전 실험일을 한계일로 정하고, 여러 가지 설정실험 지표 중에서는 가장 먼저 한계일에 도달한 설정실험 지표를 그 제품의 한계일을 유통기한으로 설정하였다.

설정실험 지표	품질한계	유통기간(시간)	
		10℃	18℃
세균수	100,000/g 이하	72	60
황색포도상구균	100/g 이하	-	-
바실러스 세레우스	1,000/g 이하	-	-
대장균군	n=5, c=2, m=10, M=10	-	-
관능(기호도척도법)	5 이상	84	72
결과		72	60

제4장 결론

설정한 여러 설정실험 지표 중 가장 먼저 품질한계에 도달한 세균수를 근거로 샌드위치의 품질한계일은 10℃-72시간, 18℃-60시간으로 산출되었다. 단, 본 제품은 유통 시 온도관리가 이루어지는 설비에서 이동, 진열되므로 10℃-72시간으로 설정할 수 있으나, 유통과정 중의 안전을 고려하고자 비교온도 18℃에서의 유통시간을 참조한 안전계수 0.84(60÷72)를 곱하여 최종 유통기한은 60시간으로 설정하였다.

제5장 참고자료

1. 식품의약품안전처 : 식품, 식품첨가물, 축산물 및 건강기능식품의 유통기한 설정기준 (제2017-89호, 2017.11)

2. 식품의약품안전처 : 식품, 축산물 및 건강기능식품의 유통기간 설정실험 가이드라인

05. 별첨

<table>
<tr><td colspan="4" align="center">실험 결과보고서 요약</td></tr>
<tr><td>제목</td><td colspan="3">○○우유의 유통기간 설정실험</td></tr>
<tr><td>실험구분</td><td colspan="3">자체실험(○)   의뢰실험(   )</td></tr>
<tr><td>실험기간</td><td colspan="3">년 월 일 ~ 년 월 일</td></tr>
<tr><td rowspan="2">신청인</td><td>업체명</td><td>(주) ○○○</td><td>대표자</td></tr>
</table>

신청인	업체명	(주) ○○○	대표자	○○○
	주소		연락처	
실험수행기관	기관명		대표자	
	주소		연락처	
실험참여자	책임자	○○○	연구원	
	연구원	○○○	연구원	
	연구원	○○○	연구원	
	연구원	○○○	연구원	

요약

◆ 유통기간 실험결과

설정실험 지표	유통기간(일)	
	10℃	15℃
산도(젖산)	>25	>25
세균수	>25	>25
대장균군[1]	>25	>25
관능	24	24
pH	19	19
결과	19	19

실험에 의한 유통기간 : 19일(10℃), 19일(15℃)

최종 유통기한 : 19 * 0.8(안전계수) = 15.2 ≒ 15일

식품, 축산물 및 건강기능식품의 유통기간 설정실험 가이드라인(민원인 안내서)

제1장 제품의 특성

구분	신규제품
축산물의 유형	우유류(살균)
성상	유백색의 액체
사용원료	원유(1A등급) 100%
제조·가공공정	원유의 수집 → 표준화 → 균질 → 살균 → 포장
포장재질	외면: 종이팩, 내면(폴리에틸렌)
포장방법	밀봉
포장단위	단일포장 1000 mL
보존 및 유통온도	냉장보관 (0 ~ 10℃)
유탕·유처리	-
살균 또는 멸균방법	-
제품의 사진*	(생 략)

* 편의상 사진은 생략하였으나, 실제 시·도 또는 시·군·구에 제출할 때에는 최종 제품의 형태로 가공·포장된 것의 사진을 첨부하여야 함.

제2장 실험방법

가. 검체의 채취 및 취급방법

본 실험에 사용된 제품은 (주) ○○○이 시판을 위한 최종 제품(롯트번호:)을 각각 10℃, 15℃에서 25일간 저장시키면서 약 3일 간격으로 총 10회 실험을 수행하였다.

나. 설정실험 지표 및 실험방법

지표		실험방법
미생물	세균수	「식품의 기준 및 규격」 제7.일반시험법 4.미생물시험법 4.5 세균수
	대장균군	「식품의 기준 및 규격」 제7.일반시험법 4.미생물시험법 4.7대장균군
이화학	pH	「식품첨가의 기준 및 규격」 Ⅳ. 일반시험법 28. pH측정법
	산도	「식품의 기준 및 규격」제4. 식품별 기준 및 규격 18. 유가공품 18-1 우유류 5) 규격 (1) 산도
관능	기호도 척도법	「식품의 기준 및 규격」제7. 일반시험법 1. 식품일반시험법 1.1 성상(관능시험) 식품, 축산물 및 건강기능식품의 유통기간 설정실험 가이드라인 Ⅳ. 유통기간 설정을 위한 관능검사가이드라인표 8. 기호도척도법

다. 실험조건

구분	실험조건	구분	실험조건
저장온도	10℃, 15℃	저장기간	25일
대조구	-	실험횟수	10회
유통온도	10℃	실험반복수	3회

라. 품질한계

지표	품질한계	근거
세균수	n=5, c=2, m=10,000, M=50,000 (멸균제품은 n=5, c=0, m=0)	「식품의 기준 및 규격」 제4. 식품별 기준 및 규격 18. 유가공품 18-1 우유류 5) 규격 (3) 세균수
대장균군	n=5, c=2, m=0, M=10	「식품의 기준 및 규격」 제4. 식품별 기준 및 규격 18. 유가공품 18-1 우유류 5) 규격 (4) 대장균군
pH[1]	하단참조[1]	「식품첨가의 기준 및 규격」 IV. 일반시험법 28. pH측정법
산도	0.18%이하 (젖산으로서)	「식품의 기준 및 규격」 제7. 일반시험법 6. 식품별 규격 확인 시험법 6.10 유가공품 6.10.7 유크림류 나. 산도
기호도 척도법	5 이상	「식품의 기준 및 규격」 제7. 일반시험법 1. 식품일반시험법 1.1 성상(관능시험) 식품, 축산물 및 건강기능식품의 유통기간 설정실험 가이드라인 IV. 유통기간 설정을 위한 관능검사가이드라인표 8. 기호도척도법

* [1] : 온도별 품질한계는 설정실험 지표별 저장온도에 따른 규격값 산출 참조

제3장 실험결과

1. 지표별 실험결과

표 1-1. 우유의 10℃ 저장 결과

저장 기간 (일)	미생물학적		이화학적		관능
	세균수 (Log CFU/mL)	대장균군 (Log CFU/mL)	산도(%)	pH	성상
0	N.D[1]	N.D	0.095±0.01	6.75±0.01	9.00±0.00
1	N.D	N.D	0.095±0.01	6.75±0.02	9.00±0.00
4	N.D	N.D	0.095±0.00	6.76±0.02	9.00±0.00
7	N.D	N.D	0.096±0.0	6.75±0.02	9.00±0.00
10	N.D	N.D	0.096±0.01	6.74±0.01	9.00±0.00
13	N.D	N.D	0.096±0.00	6.73±0.00	9.00±0.00
16	N.D	N.D	0.097±0.00	6.75±0.00	6.90±0.67
19	N.D	N.D	0.098±0.00	6.74±0.01	5.40±0.50
22	N.D	N.D	0.098±0.00	6.72±0.01	5.10±0.67
25	N.D	N.D	0.099±0.00	6.73±0.02	4.20±0.67

[1] Not Detected

05. 별첨

표 1-2. 우유의 15℃ 저장 결과

저장기간 (일)	미생물학적		이화학적		관능
	세균수 (Log CFU/mL)	대장균군 (Log CFU/mL)	산도(%)	pH	성상
0	N.D[1]	N.D	0.095±0.01	6.75±0.01	9.00±0.00
1	N.D	N.D	0.096±0.00	6.75±0.01	9.00±0.00
4	N.D	N.D	0.101±0.00	6.74±0.00	9.00±0.00
7	N.D	N.D	0.102±0.01	6.72±0.01	9.00±0.00
10	N.D	N.D	0.097±0.00	6.72±0.02	9.00±0.00
13	N.D	N.D	0.099±0.01	6.72±0.01	9.00±0.00
16	N.D	N.D	0.098±0.00	6.74±0.03	6.60±0.40
19	N.D	N.D	0.099±0.00	6.73±0.02	5.40±0.50
22	N.D	N.D	0.099±0.00	6.71±0.02	5.10±0.67
25	N.D	N.D	0.098±0.00	6.72±0.01	4.20±0.67

[1] Not Detected

2. 법적 규격이 없는 설정실험 지표의 규격값 산출

각 설정실험 지표와 관능검사의 상관관계를 나타내는 선형 회귀방정식을 구하여 이 식에 관능검사의 한계 규격값 점(9점 척도법 기준)을 대입하여 해당 설정실험 지표의 규격값으로 산출

표 2-1. 우유의 pH 규격값 산출

설정실험 지표	온도	회귀방정식	계산과정	규격값
pH	10℃	y = 0.0038x + 6.6713 (R^2=0.3774)	y= 0.0038 × 5 + 6.6713 = 6.7320	6.73
	15℃	y = 0.0027x + 6.7093 (R^2=0.1318)	y= 0.0027 × 5 + 6.7093 = 6.7228	6.72

식품, 축산물 및 건강기능식품의 유통기간 설정실험 가이드라인(민원인 안내서)

3. 설정실험 지표별 유통기한 산출

설정실험 지표별 규격값을 기준으로 각 지표 중 가장 먼저 한계일에 도달한 지표의 한계일을 그 제품의 품질한계일로 산출하였다.

표 3-1. 우유의 설정실험 지표별 품질한계에 따른 품질한계일 설정

	설정실험 지표	품질한계		유통기간(일)	
				10℃	15℃
법적 규격	산도 (젖산)	<0.18%		>25	>25
	세균수	n=5, c=2, m=10,000, M=50,000		>25	>25
	대장균군[1]	n=5, c=2, m=0, M=10		>25	>25
	관능	유백색~황색의 액체로서 이미·이취가 없어야 한다. (9점 척도법으로 5점)		24	24
비법적 규격	pH	10℃ 6.73	15℃ 6.72	19	19
	결과			19	19

제4장 결론

설정한 여러 설정실험 지표 중 가장 먼저 품질한계에 도달한 pH를 기준으로 우유의 품질한계일은 10℃-19일, 15℃-19일로 산출되었다.

단, 본 제품은 유통 시 온도관리가 이루어지는 설비에서 이동, 진열되므로 10℃ 19일로 설정할 수 있으나, 유통과정 중의 여러 가지 변수를 고려하고자 안전계수 0.8을 곱하여 최종 유통기한은 15일로 설정하였다.

※ 참고사항 : 안전계수의 최종결정은 제조사의 수용범위(역량)에 따라 고려사항이 다를 수 있다.

05. 별첨

제5장 참고자료

1. 식품의약품안전처 : 식품, 식품첨가물, 축산물 및 건강기능식품의 유통기한 설정기준 (제2017-89호, 2017.11)

2. 식품의약품안전처 : 식품, 축산물 및 건강기능식품의 유통기간 설정실험 가이드라인

[가속실험 예]

실험 결과보고서 요약

제목	"동그랑땡"의 유통기간 설정실험				
실험구분	자체실험(○)		의뢰실험( )		
실험기간	년 월 일 ~ 년 월 일				
신청인	업소명	(주) ○○	대표자	○○○	
	주소		연락처		
실험수행 기관	기관명		대표자		
	주소		연락처		
실험 참여자	책임자	○○○	연구원		
	연구원	○○○	연구원		
	연구원	○○○	연구원		
	연구원	○○○	연구원		
실험결과	요약				
	◆ 유통기간 실험결과				
	식품유형	설정실험 지표	0차 유통기한 (일/월)	1차 유통기한 (일/월)	
	식육 가공품	관능검사	153.95/ 5.06	195.77/ 6.44	
		산도	136.24/ 4.48	92.62/ 3.05	
		세균수	19671.97/ 646.75	396.65/ 13.04	
		휘발성염기질소	230.03/ 7.56	153.43/ 5.04	
	실험에 의한 유통기간 : 230.03 일 (7.56 개월)				
	최종 유통기한 : 230.03 × 0.8 = 184.024 ≒ 180일 7.56 × 0.8 = 6.048 ≒ 6.0 개월				

05. 별첨

제1장 제품의 특성

구분	신규제품
식품유형	식육함유가공품(가열 후 냉동식품/냉동전 비가열제품)
성상	동그랗게 성형된 완자형태
사용원료	닭고기, 돼지고기, 두부
제조·가공공정	원료믹스 → 급속냉동 → 포장
포장재질	합성수지재(PE)
포장방법	밀봉(질소충전)
포장단위	단일포장 400g
보존 및 유통온도	냉동(-18℃ 이하)
보존료 사용여부	미사용
유탕·유처리	-
살균 또는 멸균방법	-

제품사진*

* 본 가이드라인에서는 제품 정보 보호를 위해 투명 포장된 사진을 첨부하였음. 업체에서 실제 시군구에 제출할 때에는 최종 제품의 형태로 가공·포장된 것의 사진을 첨부하여야 함.

제2장 실험방법

가. 검체의 채취 및 취급방법

본 실험에 사용된 제품은 (주)○○○가 시판을 위해 폴리에틸렌으로 포장한 최종 제품 3롯트(101281, 1011101, 109971)를 -5℃, -10℃, -15℃, -40℃ 냉동고에 62일간 저장시키면서 실험주기는 저장기간 중 6회 이상이 되도록 1~2주 간격으로 실험을 수행하였다.

나. 설정실험 지표 및 실험방법

	지표	실험방법
이화학	휘발성염기질소	「식품의 기준 및 규격」제7. 일반시험법 6. 식품별 규격 확인 시험법 6.9 식육 및 알가공품 6.9.4 식육 또는 알한유가공품 6.9.4.1 휘발성 염기질소
	산도	「식품의 기준 및 규격」제7. 일반시험법 6. 식품별 규격 확인 시험법 6.10 유가공품 6.10.1 우유류 나. 산도
미생물	세균수	「식품의 기준 및 규격」 제7. 일반시험법 4. 미생물시험법 4.5 세균수
	대장균군	「식품의 기준 및 규격」 제7. 일반시험법 4. 미생물시험법 4.7 대장균군
관능	기호도척도법	식품, 축산물 및 건강기능식품의 유통기간 설정실험 가이드라인 Ⅳ. 유통기간 설정을 위한 관능검사 가이드라인 표 8. 기호도 척도법

다. 실험조건

구분	실험조건	구분	실험조건
저장온도	-5℃, -10℃, -15℃, -40℃	저장기간	62일
대조구온도	-40℃	실험횟수	8회
유통온도	-18℃	실험반복수	3회

라. 품질한계

설정실험 지표	품질한계	근거
휘발성염기질소 (mg%)	20이하	「식품의 기준 및 규격」제7. 일반시험법 6. 식품별 규격 확인 시험법 6.9 식육 및 알가공품 6.9.4 식육 또는 알함유 가공품 6.9.4.1 휘발성 염기질소
산도(%)	2.5이하	식품, 축산물 및 건강기능식품의 유통기간설정실험 가이드라인 Ⅲ.유통기간 설정실험, 실험의 수행, 법적 규격이 없는 설정실험 지표의 규격값 산출방법 참조
세균수	100,000/g이하	미생물학적 초기부패시점의 기준값 참조
대장균군	n=5, c=2, m=10, M=100(살균제품)	「식품의 기준 및 규격」 제4. 식품별 기준 및 규격 16. 식육가공품류 16-7 식육함유가공품 5)규격 (3) 대장균군
관능 (기호도척도법)	5 이상	「식품의 기준 및 규격」 성상시험법 5점 척도 중 3점 이상 적합기준에 따라 9점 척도 5점 이상을 적합인 것으로 설정

제3장 실험결과

※ 식품, 축산물 및 건강기능식품의 유통기한 설정 프로그램(http://www.foodsafetykorea.go.kr) 보고서 출력자료 첨부

유통기간 설정 실험결과 보고서

1.예측제품

예측제품명	동그랑땡	식품유형	식육가공품
프로젝트분류	식육가공품/동그랑땡	설정실험지표	관능검사

2.설정실험지표 품질변화
2.1 설정실험지표 관능검사 품질변화

저장기간(일)	-40℃	-15℃	-10℃	-5℃
0	9.0000	9.0000	9.0000	9.0000
7	9.0000	9.0000	9.0000	9.0000
16	9.0000	9.0000	7.7500	7.4000
29	9.0000	8.0800	8.0700	6.7400
36	9.0000	8.0800	7.0700	5.4000
48	9.0000	7.7500	6.7500	5.4000
55	9.0000	7.4100	6.0800	5.7400
62	9.0000	7.0800	5.7500	4.4000

3.설정실험지표 반응속도 상수
3.1 설정실험지표 관능검사 반응속도 상수
1) 반응차수 0차 결과

온도	Slope(K)	Intercept(A0)	R^2
-15	-0.0325	9.2038	0.9503
-10	-0.0527	9.0990	0.9383
-5	-0.0719	8.9076	0.9046

2) 반응차수 1차 결과

온도	Slope(K)	Intercept(A0)	R^2
-15	-0.0040	2.2239	0.9486
-10	-0.0072	2.2206	0.9362
-5	-0.0108	2.2048	0.9050

4.설정실험지표 활성화에너지와 반응식 차트
4.1 설정실험지표 관능검사 활성화에너지와 반응식 차트
1) 반응차수 0차 결과

Slope(K)	Intercept(A0)	R^2	Ea
-5486.59	17.87	0.9874	-10901.85

Storage-Con.(%) regression   1/T-ln(K) regression

05. 별첨

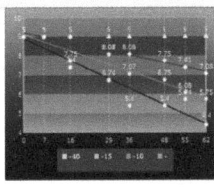
Storage-Con.(%) regression

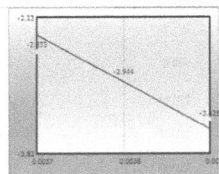
1/T-ln(K) regression

2) 반응차수 1차 결과

Slope(K)	Intercept(A0)	R²	Ea
-6868.14	21.13	0.9920	-13646.99

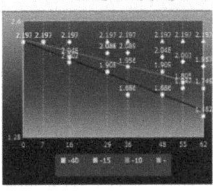
Storage-Con.(%) regression

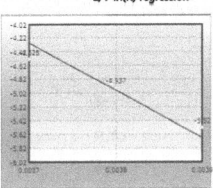
1/T-ln(K) regression

5. 설정실험지표 유통기간 산출
5.1 설정실험지표 관능검사 유통기간 산출

차수	최초함량-품질규격(A-B)	연간변화 속도상수	유통기간(일)	유통기간(개월)
0	4.0000	9.48	153.95	5.06
1	0.5878	1.10	195.77	6.44

유통기간 설정 실험결과 보고서

1.예측제품

예측제품명	동그랑땡	식품유형	식육가공품
프로젝트분류	식육가공품/동그랑땡	설정실험지표	산도

2.설정실험지표 품질변화
2.1 설정실험지표 산도 품질변화

저장기간(일)	-40℃	-15℃	-10℃	-5℃
0	1.0100	1.0100	1.0100	1.0100
7	1.0300	0.8600	1.0600	1.5800
16	1.0300	1.0200	0.7800	1.1100
29	1.0300	1.0300	1.2800	1.5100
36	1.0300	1.2400	1.5100	1.8300
48	1.0300	1.3700	1.8500	2.6200
55	1.0300	1.6200	2.1500	2.3800
62	1.0300	1.7900	2.3800	3.0900

3.설정실험지표 반응속도 상수
3.1 설정실험지표 산도 반응속도 상수

1)반응차수 0차 결과

온도	Slope(K)	Intercept(A0)	R^2
-15	0.0134	0.8195	0.8580
-10	0.0238	0.7512	0.8792
-5	0.0300	0.9440	0.8443

2)반응차수 1차 결과

온도	Slope(K)	Intercept(A0)	R^2
-15	0.0105	-0.1453	0.8741
-10	0.0159	-0.1632	0.8474
-5	0.0162	0.0550	0.8474

4.설정실험지표 활성화에너지와 반응식 차트
4.1 설정실험지표 산도 활성화에너지와 반응식 차트

1)반응차수 0차 결과

Slope(K)	Intercept(A0)	R^2	Ea
-5588.58	17.40	0.9481	-11104.52

Storage-Con.(%) regression	1/T-ln(K) regression

Storage-Con.(%) regression	1/T-ln(K) regression
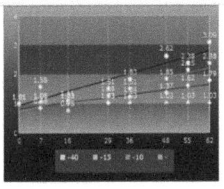	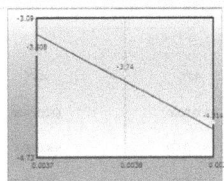

2) 반응차수 1차 결과

Slope(K)	Intercept(A0)	R^2	Ea
-3006.45	7.16	0.7908	-5973.81

Storage-Con.(%) regression	1/T-ln(K) regression
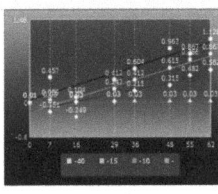	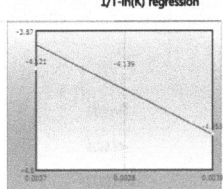

5. 설정실험지표 유통기간 산출
5.1 설정실험지표 산도 유통기간 산출

차수	최초함량-품질규격(A-B)	연간변화 속도상수	유통기간(일)	유통기간(개월)
0	-1.4900	3.99	136.24	4.48
1	-0.9063	3.57	92.62	3.05

유통기간 설정 실험결과 보고서

1. 예측제품

예측제품명	동그랑땡	식품유형	식육가공품
프로젝트분류	식육가공품/동그랑땡	설정실험지표	세균수

2. 설정실험지표 품질변화
2.1 설정실험지표 세균수 품질변화

저장기간(일)	-40℃	-15℃	-10℃	-5℃
0	6600.0000	6600.0000	6600.0000	6600.0000
7	6600.0000	6600.0000	6600.0000	6600.0000
16	4200.0000	6900.0000	4100.0000	270000.0000
29	4200.0000	7700.0000	4300.0000	17000000.0000
36	4200.0000	3800.0000	3800.0000	39000000.0000
48	4200.0000	5000.0000	680000.0000	31500000.0000
55	4200.0000	3400.0000	630000.0000	103000.0000
62	4200.0000	4800.0000	390000.0000	51000.0000

3. 설정실험지표 반응속도 상수
3.1 설정실험지표 세균수 반응속도 상수

1) 반응차수 0차 결과

온도	Slope(K)	Intercept(A0)	R^2
-15	-48.5628	7135.7995	0.4961
-10	10315.1119	-110540.4137	0.6014
-5	177421.5351	5381193.9539	0.0620

2) 반응차수 1차 결과

온도	Slope(K)	Intercept(A0)	R^2
-15	-0.0092	8.8841	0.4901
-10	0.0865	7.5371	0.6409
-5	0.0621	11.0199	0.1483

4. 설정실험지표 활성화에너지와 반응식 차트
4.1 설정실험지표 세균수 활성화에너지와 반응식 차트

1) 반응차수 0차 결과

Slope(K)	Intercept(A0)	R^2	Ea
-56825.06	224.52	0.9733	-112911.39

Storage-Con.(%) regression   1/T-ln(K) regression

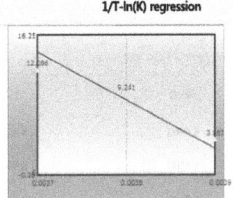

2)반응차수 1차 결과

Slope(K)	Intercept(A0)	R²	Ea
-13316.66	47.34	0.6338	-26460.20

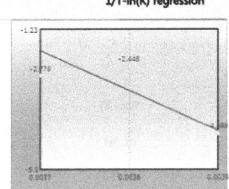

5. 설정실험지표 유통기간 산출
5.1 설정실험지표 세균수 유통기간 산출

차수	최초함량-품질규격(A-B)	연간변화 속도상수	유통기간(일)	유통기간(개월)
0	-93400.0000	1952.71	17458.27	573.97
1	-2.7181	2.77	358.34	11.78

유통기간 설정 실험결과 보고서

1. 예측제품

예측제품명	동그랭	식품유형	식육가공품
프로젝트분류	식육가공품/동그랭	설정실험지표	휘발성염기질소

2. 설정실험지표 품질변화
2.1 설정실험지표 휘발성염기질소 품질변화

저장기간(일)	-40℃	-15℃	-10℃	-5℃
0	8.4900	8.4900	8.4900	8.4900
7	8.8100	8.9500	14.6300	17.5600
16	8.8100	9.8200	15.8900	18.7700
29	8.8100	10.5600	16.4000	18.2900
36	8.8100	11.1200	17.5000	19.2100
48	8.8100	12.3500	17.8400	21.3700
55	8.8100	12.9600	18.5200	27.4900
62	8.8100	13.2700	18.8600	32.4900

3. 설정실험지표 반응속도 상수
3.1 설정실험지표 휘발성염기질소 반응속도 상수
1) 반응차수 0차 결과

온도	Slope(K)	Intercept(A0)	R^2
-15	0.0794	8.4298	0.9946
-10	0.1257	12.0400	0.7267
-5	0.2826	11.5219	0.8111

2) 반응차수 1차 결과

온도	Slope(K)	Intercept(A0)	R^2
-15	0.0074	2.1472	0.9943
-10	0.0091	2.4604	0.6313
-5	0.0151	2.4790	0.7545

4. 설정실험지표 활성화에너지와 반응식 차트
4.1 설정실험지표 휘발성염기질소 활성화에너지와 반응식 차트
1) 반응차수 0차 결과

Slope(K)	Intercept(A0)	R^2	Ea
-8763.59	31.37	0.9718	-17413.25

Storage-Con.(%) regression   1/T-ln(K) regression

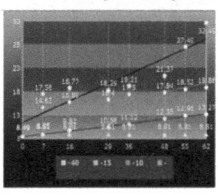
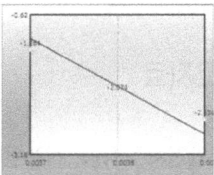

2)반응차수 1차 결과

Slope(K)	Intercept(A0)	R^2	Ea
-4953.59	14.24	0.9412	-9842.78

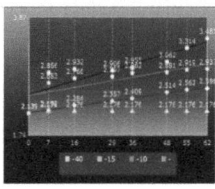
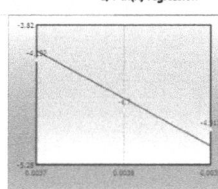

5. 설정실험지표 유통기간 산출
5.1 설정실험지표 휘발성염기질소 유통기간 산출

차수	최초함량-품질규격(A-B)	연간변화 속도상수	유통기간(일)	유통기간(개월)
0	-11.5100	18.28	229.88	7.56
1	-0.8568	2.04	153.36	5.04

제4장 결론

설정실험 지표 중 결정계수가 가장 높은 휘발성염기질소 0차반응식을 근거로 -18℃에서 유통되는 동그랑땡의 유통기간은 7.56개월로 산출되었다. 여기에 유통과정 중의 안전을 고려하고자 안전계수 0.8를 곱하여 최종 유통기한은 6개월로 설정하였다.

제5장 참고자료

1. 식품의약품안전처 : 식품, 식품첨가물, 축산물 및 건강기능식품의 유통기한 설정기준 (제2017-89호, 2017.11.)
2. 식품의약품안전처 : 식품, 축산물 및 건강기능식품의 유통기간 설정실험 가이드라인

05. 별첨

	실험 결과보고서 요약			
제목		"○○○ 치즈"의 유통기간 설정실험		
실험 구분		자체실험(O) 의뢰실험( )		
실험 기간		년 월 일 ~ 년 월 일		
신청인	업체명	(주) ○○○	대표자	○○○
	주소		연락처	
실험수행 기관	기관명		대표자	
	주소		연락처	
실험 참여자	책임자	○○○	연구원	
	연구원	○○○	연구원	
	연구원	○○○	연구원	
	연구원	○○○	연구원	

실 험 결 과

요약

◆ 유통기간 가속실험 결과

설정실험 지표	0차 유통기한	1차 유통기한
수분	335.0일/11.0개월	348.6일/11.5개월
pH	498.4일/16.4개월	571.9일/18.8개월
산도	8189.2일/269.2개월	7327.8일/240.9개월
관능	864.6일/28.4개월	1117.4일/36.7개월

실험에 의한 유통기간 : 348.57 일 (11.46 개월)

최종 유통기한 : 348.57 * 0.8 = 278.86 일 ≒ 278 일
　　　　　　　　11.46 * 0.8 = 9.2개월 ≒ 9 개월

식품, 축산물 및 건강기능식품의 유통기간 설정실험 가이드라인(민원인 안내서)

제1장 제품의 특성

구분	신규제품
축산물의 유형	가공치즈
성상	유백색의 슬라이스 형태
사용원료	자연치즈(체다) 64.48%, 정제수, 가공버터 4.5% 등
제조·가공공정	원료(치즈 등) 준비 → 가열·혼합 → 충진 → 포장
포장재질	(생 략)
포장방법	밀봉
포장단위	100g (20g * 5매)
보존 및 유통온도	냉장보관 (0 ~ 10 ℃)
유탕·유처리	-
살균 또는 멸균방법	-
제품의 사진*	(생 략)

* 편의상 사진은 생략하였으나, 실제 시·도 또는 시·군·구에 제출할 때에는 최종 제품의 형태로 가공·포장된 것의 사진을 첨부하여야 함.

제2장 실험방법

가. 검체의 채취 및 취급방법

본 실험에 사용된 제품은 (주) ○○○ 가 시판을 위한 최종 제품(롯트번호:)를 각각 10℃, 15℃, 25℃, 35℃에서 약 4개월간 저장시키면서 실험주기는 저장기간 중 약 12일 간격으로 실험을 수행하였다.

나. 설정실험 지표 및 실험방법

설정실험 지표		실험방법
미생물	세균수	「식품의 기준 및 규격」 제7. 일반시험법 4. 미생물시험법 4.5 세균수
	대장균군	「식품의 기준 및 규격」 제7. 일반시험법 4. 미생물시험법 4.7 대장균군
이화학	pH	「식품첨가의 기준 및 규격」 Ⅳ. 일반시험법 28. pH측정법
	산도	「식품의 기준 및 규격」제7. 일반시험법 6. 식품별 규격 확인 시험법 6.10 유가공품 6.10.7 유크림류 나. 산도
	수분	「식품의 기준 및 규격」제7. 일반시험법 2. 식품성분시험법 2.1 일반성분시험법 2.1.1 수분
관능	기호도 척도법	「식품의 기준 및 규격」 제7. 일반시험법 1. 일반시험법 1.1 성상(관능시험) 식품, 축산물 및 건강기능식품의 유통기간 설정실험 가이드라인 Ⅳ. 유통기간 설정을 위한 관능검사가이드라인표 8. 기호도척도법

다. 실험조건

구분	실험조건	구분	실험조건
저장온도	10℃, 15℃, 25℃, 35℃	저장기간	약 4개월
대조구	-	실험횟수	1회/12일
유통온도	10℃	실험반복수	3회

라. 품질한계

설정실험 지표	품질한계	근거
세균수	하단참조[1]	「식품의 기준 및 규격」제7. 일반시험법 4.미생물시험법 4.5 세균수
대장균군	n=5, c=2, m=10, M=100	「식품의 기준 및 규격」제4. 식품별 기준 및 규격 18. 유가공품 18-9 치즈류 5) 규격 (2) 대장균군
pH[1]	하단참조[2]	「식품첨가의 기준 및 규격」 Ⅳ. 일반시험법 28. pH측정법
산도	하단참조[3]	「식품의 기준 및 규격」제7. 일반시험법 6. 식품별 규격 확인 시험법 6.10 유가공품 6.10.7 유크림류 나. 산도
수분	하단참조[4]	「식품의 기준 및 규격」제7. 일반시험법 2. 식품성분시험법 2.1 일반성분시험법 2.1.1 수분
기호도 척도법	5 이상	「식품의 기준 및 규격」 성상시험법 5점 척도 중 3점 이상 적합기준에 따라 9점 척도 5점 이상을 적합인 것으로 설정

* [1], [2], [3], [4] : 온도별 품질한계는 지표별 저장온도에 따른 규격값 산출 참조, 필요시 식품의 기준 및 규격 기준값 이용

제3장 실험결과

※ 식품의 유통기한 설정 프로그램(http://www.foodsafetykorea.go.kr) 보고서 출력자료 첨부

유통기간 설정 실험결과 보고서

1.예측제품

예측제품명		가공치즈		식품유형	
프로젝트분류		유가공품/치즈		설정실험지표	관능검사

2.설정실험지표 품질변화
2.1 설정실험지표 관능검사 품질변화

저장기간(일)	10℃	15℃	25℃	35℃
0	9.0000	9.0000	9.0000	9.0000
12	9.0000	9.0000	9.0000	9.0000
24	9.0000	9.0000	9.0000	9.0000
36	9.0000	9.0000	9.0000	9.0000
48	9.0000	9.0000	9.0000	9.0000
60	9.0000	9.0000	8.5000	7.5000
72	9.0000	9.0000	7.5000	6.5000
84	9.0000	8.5000	7.0000	6.5000
96	8.5000	8.5000	7.0000	6.0000
108	8.5000	8.3333	7.0000	6.0000

3.설정실험지표 반응속도 상수
3.1 설정실험지표 관능검사 반응속도 상수
1) 반응차수 0차 결과

온도	Slope(K)	Intercept(A0)	R^2
15	-0.0061	9.1606	0.6545
25	-0.0237	9.4818	0.8264
35	-0.0351	9.6455	0.8547

2) 반응차수 1차 결과

온도	Slope(K)	Intercept(A0)	R^2
15	-0.0007	2.2157	0.6545
25	-0.0030	2.2583	0.8235
35	-0.0047	2.2857	0.8585

4.설정실험지표 활성화에너지와 반응식 차트
4.1 설정실험지표 관능검사 활성화에너지와 반응식 차트
1) 반응차수 0차 결과

Slope(K)	Intercept(A0)	R^2	Ea
-7835.46	22.25	0.9180	-15569.05
Storage-Con.(%) regression		1/T-ln(K) regression	

식품, 축산물 및 건강기능식품의 유통기간 설정실험 가이드라인(민원인 안내서)

Storage-Con.(%) regression	1/T-ln(K) regression
	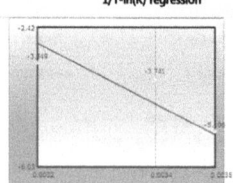

2)반응차수 1차 결과

Slope(K)	Intercept(AU)	R²	Ea
-8500.09	22.39	0.9270	-16889.68

Storage-Con.(%) regression	1/T-ln(K) regression
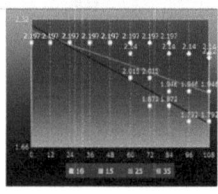	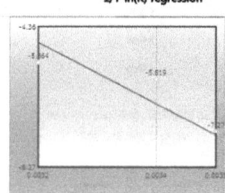

5.설정실험지표 유통기간 산출
5.1 설정실험지표 관능검사 유통기간 산출

차수	최초함량-품질규격(A-B)	연간변화 속도상수	유통기간(일)	유통기간(개월)
0	4.0000	1.59	921.10	30.28
1	0.5878	0.18	1224.00	40.24

유통기간 설정 실험결과 보고서

Print

1. 예측제품

예측제품명	가공치즈	식품유형	
프로젝트분류	유가공품/치즈	설정실험지표	산도

2. 설정실험지표 품질변화
2.1 설정실험지표 산도 품질변화

저장기간(일)	10℃	15℃	25℃	35℃
0	0.5000	0.5000	0.5000	0.5000
12	0.6900	0.6900	0.7200	0.7300
24	0.6500	0.6900	0.6300	0.6500
36	0.6900	0.6900	0.8800	0.9600
48	0.6900	0.7200	0.8500	0.9900
60	0.7300	0.7900	0.8800	1.0300
72	0.7600	0.8400	0.8700	0.9900
84	0.7400	0.7900	0.7900	1.0600
96	0.8100	0.8300	0.8800	1.0900
108	0.7600	0.8300	0.9400	1.1300

3. 설정실험지표 반응속도 상수
3.1 설정실험지표 산도 반응속도 상수
1) 반응차수 0차 결과

온도	Slope(K)	Intercept(A0)	R^2
15	0.0025	0.6015	0.7748
25	0.0030	0.6336	0.6118
35	0.0052	0.6302	0.8126

2) 반응차수 1차 결과

온도	Slope(K)	Intercept(A0)	R^2
15	0.0036	-0.5121	0.7232
25	0.0042	-0.4708	0.5886
35	0.0064	-0.4673	0.7559

4. 설정실험지표 활성화에너지와 반응식 차트
4.1 설정실험지표 산도 활성화에너지와 반응식 차트
1) 반응차수 0차 결과

Slope(K)	Intercept(A0)	R^2	Ea
-3241.05	5.20	0.8992	-6439.98

Storage-Con.(%) regression	1/T-ln(K) regression

식품, 축산물 및 건강기능식품의 유통기간 설정실험 가이드라인(민원인 안내서)

Storage-Con.(%) regression	1/T-ln(K) regression
	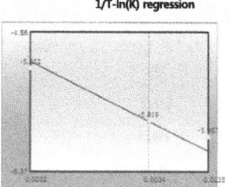

2) 반응차수 1차 결과

Slope(K)	Intercept(A0)	R^2	Ea
-2499.80	3.01	0.8999	-4967.10

Storage-Con.(%) regression	1/T-ln(K) regression
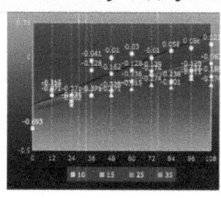	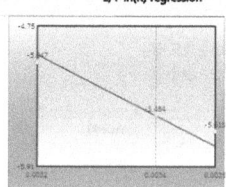

5. 설정실험지표 유통기간 산출
5.1 설정실험지표 산도 유통기간 산출

차수	최초함량-품질규격(A-B)	연간변화 속도상수	유통기간(일)	유통기간(개월)
0	-2.0000	0.70	1040.71	34.22
1	-1.6094	1.08	542.67	17.84

유통기간 설정 실험결과 보고서

1. 예측제품

예측제품명	가공치즈	식품유형	
프로젝트분류	유가공품/치즈	설정실험지표	수분

2. 설정실험지표 품질변화

2.1 설정실험지표 수분 품질변화

저장기간(일)	10℃	15℃	25℃	35℃
0	50.2300	50.2300	50.2300	50.2300
12	49.9900	49.9500	49.8200	49.7300
24	49.7500	49.6200	49.5500	49.7300
36	49.6600	49.5900	49.1800	48.5200
48	49.3200	49.1500	48.5900	48.0300
60	49.0600	48.7200	47.7200	47.1600
72	48.6900	48.7000	47.5800	46.8700
84	48.7000	48.6600	47.4800	46.6900
96	48.5700	48.5400	47.4300	46.6600
108	48.5000	48.4600	47.2900	46.5500

3. 설정실험지표 반응속도 상수

3.1 설정실험지표 수분 반응속도 상수

1) 반응차수 0차 결과

온도	Slope(K)	Intercept(A0)	R^2
15	-0.0170	50.0811	0.9313
25	-0.0299	50.1018	0.9310
35	-0.0382	50.0796	0.9208

2) 반응차수 1차 결과

온도	Slope(K)	Intercept(A0)	R^2
15	-0.0003	3.9137	0.9325
25	-0.0006	3.9143	0.9320
35	-0.0008	3.9139	0.9231

4. 설정실험지표 활성화에너지와 반응식 차트

4.1 설정실험지표 수분 활성화에너지와 반응식 차트

1) 반응차수 0차 결과

Slope(K)	Intercept(A0)	R^2	Ea
-3599.68	8.47	0.9587	-7152.57
Storage-Con.(%) regression		1/T-ln(K) regression	

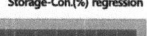

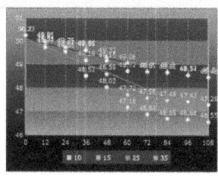 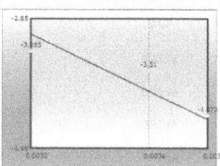

2) 반응차수 1차 결과

Slope(K)	Intercept(A0)	R²	Ea
-3694.22	4.90	0.9597	-7340.41

Storage-Con.(%) regression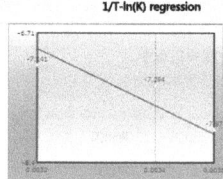

5. 설정실험지표 유통기간 산출
5.1 설정실험지표 수분 유통기간 산출

차수	최초함량-품질규격(A-B)	연간변화 속도상수	유통기간(일)	유통기간(개월)
0	5.2300	5.22	365.63	12.02
1	0.1099	0.11	380.62	12.51

05. 별첨

유통기간 설정 실험결과 보고서

1. 예측제품

예측제품명	가공치즈	식품유형	
프로젝트분류	유가공품/치즈	설정실험지표	수소이온농도

2. 설정실험지표 품질변화
2.1 설정실험지표 수소이온농도 품질변화

저장기간(일)	10℃	15℃	25℃	35℃
0	5.9100	5.9100	5.9100	5.9100
12	5.9600	5.9400	5.9100	5.8700
24	6.1200	6.0200	5.8100	5.7700
36	5.9200	5.9400	5.8800	5.6400
48	5.9500	5.9000	5.8100	5.5700
60	5.8800	5.8500	5.7200	5.5600
72	5.8000	5.8000	5.7200	5.5700
84	5.7200	5.7700	5.6800	5.5500
96	5.6600	5.7300	5.6500	5.5300
108	5.5900	5.6700	5.6200	5.4900

3. 설정실험지표 반응속도 상수
3.1 설정실험지표 수소이온농도 반응속도 상수

1) 반응차수 0차 결과

온도	Slope(K)	Intercept(A0)	R^2
15	-0.0027	5.9989	0.8120
25	-0.0029	5.9251	0.9258
35	-0.0038	5.8500	0.8425

2) 반응차수 1차 결과

온도	Slope(K)	Intercept(A0)	R^2
15	-0.0005	1.7918	0.8140
25	-0.0005	1.7794	0.9268
35	-0.0007	1.7665	0.8466

4. 설정실험지표 활성화에너지와 반응식 차트
4.1 설정실험지표 수소이온농도 활성화에너지와 반응식 차트

1) 반응차수 0차 결과

Slope(K)	Intercept(A0)	R^2	Ea
-1474.63	-0.83	0.8550	-2930.09
Storage-Con.(%) regression		1/T-ln(K) regression	

식품, 축산물 및 건강기능식품의 유통기간 설정실험 가이드라인(민원인 안내서)

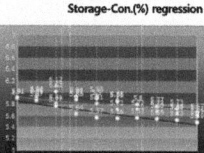

2) 반응차수 1차 결과

Slope(K)	Intercept(A0)	R^2	Ea
-1585.06	-2.21	0.8683	-3149.51

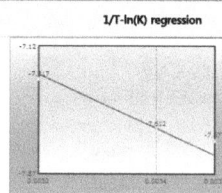

5. 설정실험지표 유통기간 산출
5.1 설정실험지표 수소이온농도 유통기간 산출

차수	최초함량-품질규격(A-B)	연간변화 속도상수	유통기간(일)	유통기간(개월)
0	0.6600	0.87	277.80	9.13
1	0.1184	0.15	292.89	9.63

제4장 결론

○ 설정실험 지표 중 결정계수가 가장 높은 수분 1차 반응식을 근거로 10℃에서 유통되는 치즈의 유통기간은 11.5개월로 산출되었다.
여기에 유통과정 중의 안전성을 고려하고자 안전계수 0.8을 곱하여 최종 유통기한 9개월로 설정하였다.

※ 세균수 및 대장균군은 품질 변화가 거의 없어 상기 제품의 유통기간 설정실험 지표로서 활용이 불가능하여 제외하였다.

※ 참고사항 :
- 안전계수의 최종결정은 제조사의 수용범위(역량)에 따라 고려 사항이 다를 수 있다.
- 가속실험을 통해 유통기한을 산출한 경우 실제 제품에 대해 모니터링 등을 실시하여 실제 제품의 유통기한으로 맞는지 지속적으로 확인하고 품질과 안정성을 확보하도록 한다.

제5장 참고자료

1. 식품의약품안전처 : 식품, 식품첨가물, 축산물 및 건강기능식품의 유통기한 설정기준 (제2017-89호, 2017.11.)

2. 식품의약품안전처 : 식품, 축산물 및 건강기능식품의 유통기간 설정실험 가이드라인

식품, 축산물 및 건강기능식품의 유통기간 설정실험 가이드라인(민원인 안내서)

별첨9 식품, 축산물 및 건강기능식품의 유통기간 설정 프로그램 사용자 매뉴얼

접속주소 : http://www.foodsafetykorea.go.kr

이 프로그램은 가속실험으로부터 얻은 실험결과의 계산과정을 도와 유통기한을 예측하기 위해 개발된 프로그램입니다. 따라서 실측실험을 수행하신 경우는 이 프로그램을 이용하실 필요가 없으므로, 본 가이드라인 [별첨 4] 실측실험결과 해석방법, [별첨 8] 식품 유통기간 설정실험 결과보고서 작성 예(실측실험)를 참조하여 유통기한을 설정하시기 바랍니다.

# 식품의 유통기간 산출 시스템
VSLSF(Visual Shelf Life Simulator for Foods)

시스템 소개 및 사용방법

 식품의약품안전처

목 차

I. 시스템 소개
  배경 및 추진경과 등

II. 사용준비
  식품안전정보 포털 – 접속 및 사용권한 요청
  식품안전정보 포털 – 프로그램 접속 경로
  MY 식품 유형 등록
  MY 설정실험 지표 등록
  유통기간 라이브러리 보기

III. 유통기간 예측
  프로젝트 분류 등록
  제품 등록
  실험설계
  유통기간 예측
  예측결과 확인

IV. 미생물 계산기

I. 시스템 소개

식품의약품안전처

식품, 축산물 및 건강기능식품의 유통기간 설정실험 가이드라인(민원인 안내서)

시스템 개발 배경

○ 복잡한 유통기간 추정 과정에 대하여 비전문가가 쉽게 사용할 수 있는 프로그램이 요구됨

○ 통합 시스템을 통한 과학적이고 일관성 있는 유통기한 예측 기반 마련의 필요성

과학적이고 체계적인 유통기간 설정의 근거 마련

- 비전문가도 쉽게 예측할 수 있는 프로그램
- 과학적, 일관성 있는 유통기간 예측 기반 마련

- 소비자 신뢰 회복
- 생산자 폐기 비용 절감
- 기준규격 마련 근거

추진경과

○ 2006 ~ 2008 : 수학적 모델 기반 연구

○ 2008 : 프로토타입 프로그램 개발
 - 개별 PC based Windows 프로그램 개발

○ 2009 : Web based 분산 시스템 개발
 - 아레니우스 방정식(Arrhenius equation) 화학반응식 적용
 - 국내 계절별 혹은 기간별 유통 환경 라이브러리 구축
 - 2008년 10월 23일자 식품공전 품목코드 데이터 전제 식품유형 중 유통기한 설정에 사용하는 237항목만 master로 등록
 - 1950여건의 품질지표 중 실제 사용하는 60여건만 master로 등록
 - 사용자별로 주로 사용하는 식품유형에 대한 관리 기능 구현
 - 사용자별로 주로 사용하는 품질지표에 대한 관리 기능 구현

○ 2010 : 미생물 지표에 대한 산출 시스템 구현 및 기존 기능 고도화
 - 입력데이터 생성 절차 및 예측결과의 이론적 검증
 - 사용자대상 유통기한설정기술 및 시스템 사용 교육 실시
 - 사용자요구사항 온 오프라인 의견수렴 및 개선방안 마련
 - 2009년도 미생물 품질지표에 대한 유통기한 설정 연구에서 도출된 수학적 모델링 방법의 연동시스템 구축
 - 데이터현황의모니터링체계구축
 - 사용자관리기능구축

○ 2016 : 식품안전정보포털 통합이관
 - 일반사용자의 접근 및 활용성 용이

05. 별첨

가속실험 결과의 엑셀을 이용한 해석 방법

○ 유통기간 설정을 위한 가속실험 결과 해석의 이론적 배경은
「식품 및 축산물의 유통기한 설정실험 가이드라인」을 참고

○ -18℃ 냉장 유통 냉동식품(동그랑 땡)에 대해, 4개 온도(-5,-10,-15,-40℃)별로
7개의 저장기간(7,16,29,36,48,55,62 일)을 설정하여 3반복 측정 실험한 경우의 예시

E-① 엑셀을 실행하여 4x(7+1)개의 입력칸을 만들고 다음과 같이 초기값과 3반복 측정값의 평균을 기록한다.

	-5℃	-10℃	-15℃	-40℃
0	9.00	9.00	9.00	9.00
7	9.00	9.00	9.00	9.00
16	7.40	7.75	9.00	9.00
29	6.74	8.07	8.08	9.00
36	5.40	7.07	8.08	9.00
48	5.40	6.75	7.75	9.00
55	5.74	6.08	7.41	9.00
62	4.40	5.75	7.08	9.00

E-② 3반복 입력결과 평균에 대해 선형 회귀 방정식(Linear regression)을 구하여 Slope을 구한다.
E-③ 3반복 입력결과 평균에 대해 선형 회귀 방정식(Linear regression)을 구하여 Intercept를 구한다.
E-④ 3반복 입력결과 평균에 대해 피어슨의 곱 모멘트 상관 계수의 제곱값을 구한다.
E-⑤ 1/T - ln(K) 에 대해 다시 fitting하여, slope, intercept, R^2 및 Ea를 계산한다.
E-⑥ 고정온도 유통방식에 대한 연간 변화량을 계산한다.
E-⑦ 최초값과 하한선, 최종 연간변화량으로 부터 유통기간을 산출한다.
E-⑧ 이상의 작업에 대해 모든 측정값 등에 ln값을 취하여 ②~ ⑦의 과정을 수행한다.
E-⑨ 0차와 1차 반응식의 산출 유통기간 값 중 작은 값을 유통기간 값으로 취한다.

산출 시스템의 Main Workflow

식품, 축산물 및 건강기능식품의 유통기간 설정실험 가이드라인(민원인 안내서)

Ⅱ. 사용 준비

식품의약품안전처

식품안전정보 포털 - 접속 및 사용권한 요청

① 식품안전정보포털(http://www.foodsafetykorea.go.kr/)
   우측 상단 회원가입을 통하여 유통기간 설정프로그램 사용신청
② 사용권한 요청 후 승인까지 수일 소요

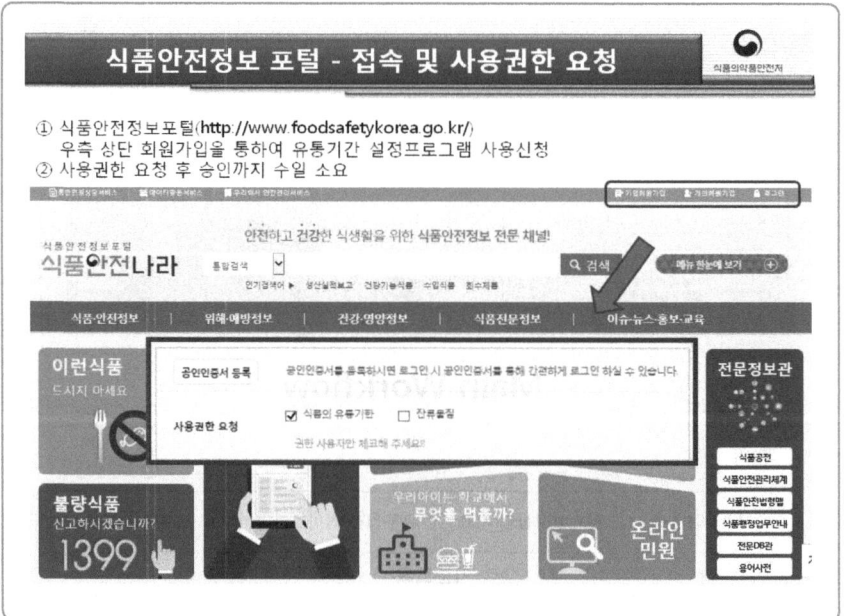

05. 별첨

③ 식품안전정보포털 메인 → 식품전문정보 → 식품의 유통기간 설정
(My식품유형 – My설정실험지표 – 유통기간 예측 – 유통기간 라이브러리)

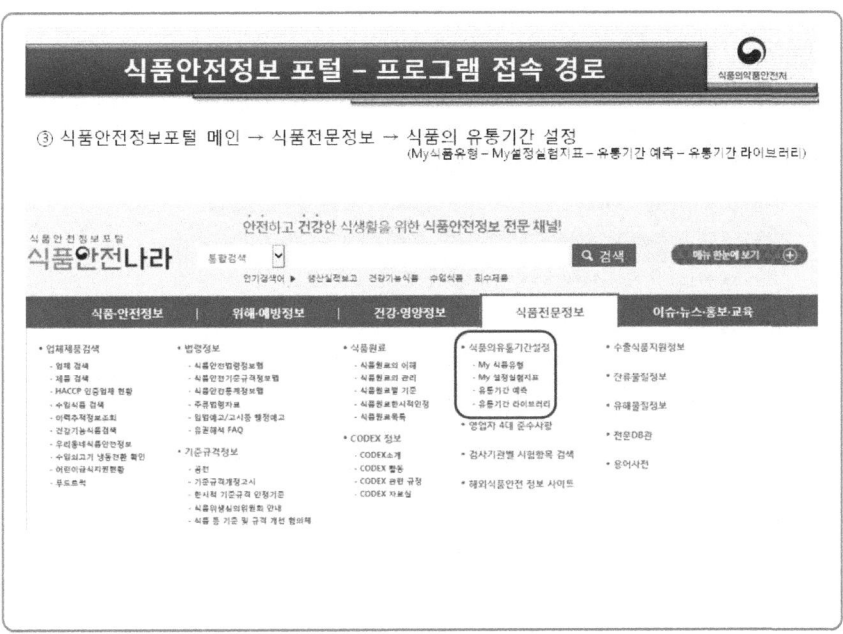

MY 식품유형 등록(1)

① [식품유형등록] 메뉴를 통하여 등록

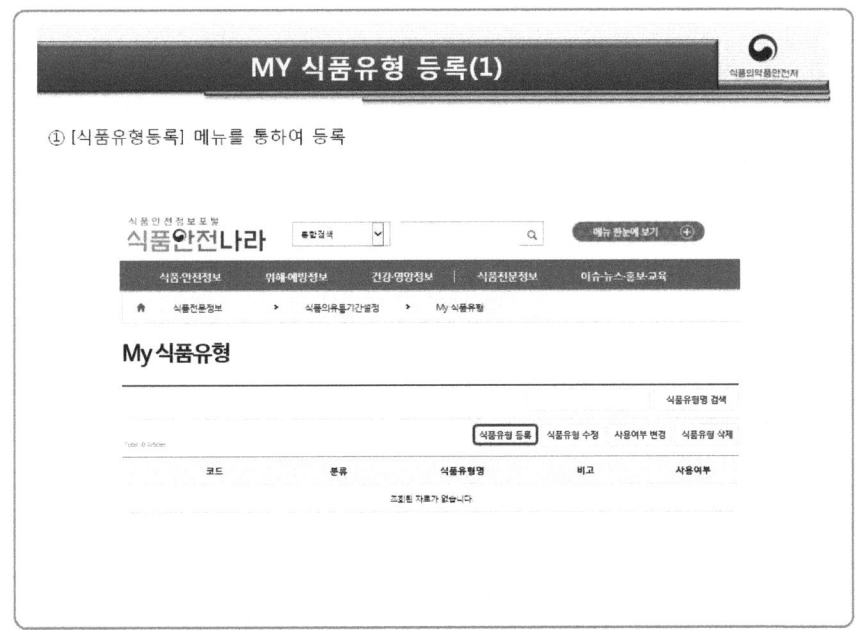

식품, 축산물 및 건강기능식품의 유통기간 설정실험 가이드라인(민원인 안내서)

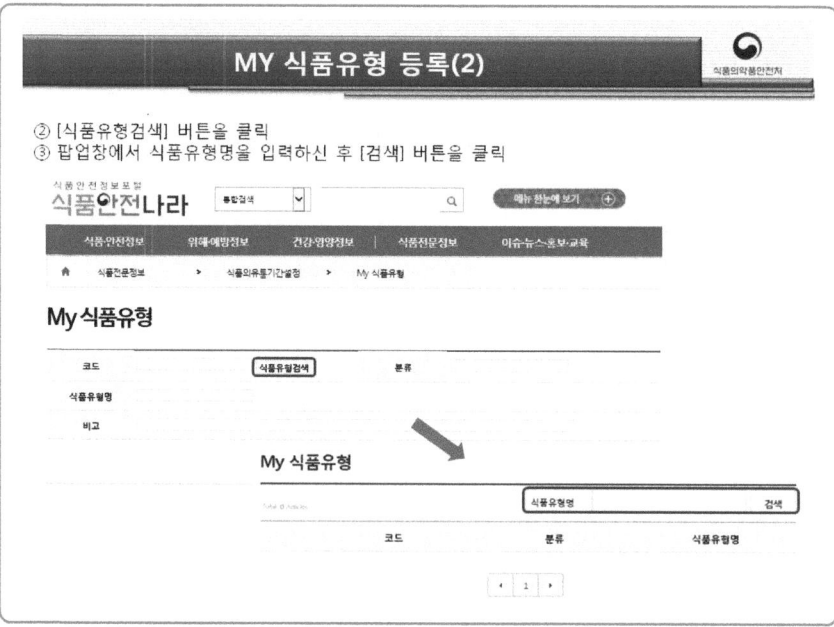

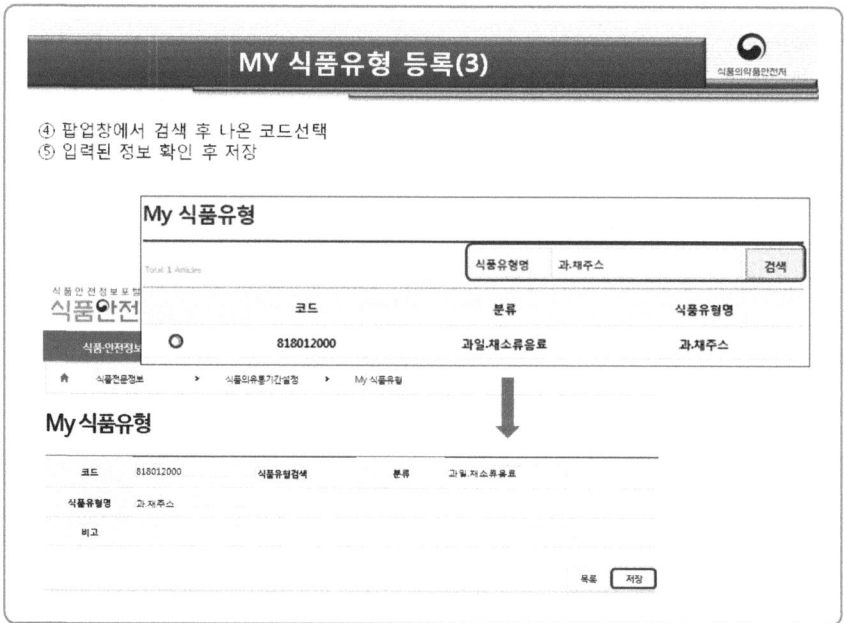

05. 별첨

MY 식품유형 등록(4)

⑥ 식품유형 추가 등록 및 확인
⑦ 식품유형 수정, 사용여부변경, 삭제 메뉴를 통하여 조정

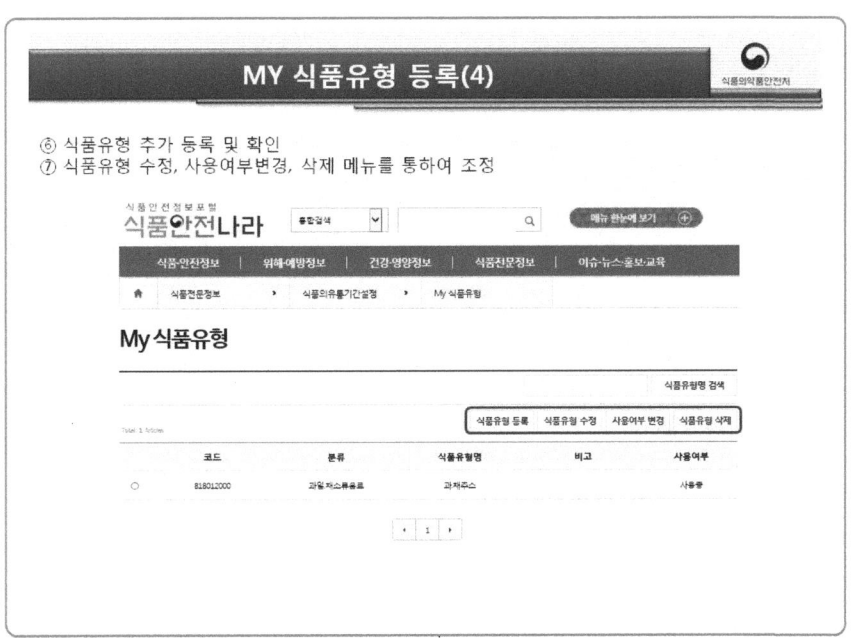

MY 설정실험 지표 등록(1)

① [설정실험지표 등록] 메뉴를 통하여 등록
② [설정실험지표검색] 버튼을 클릭

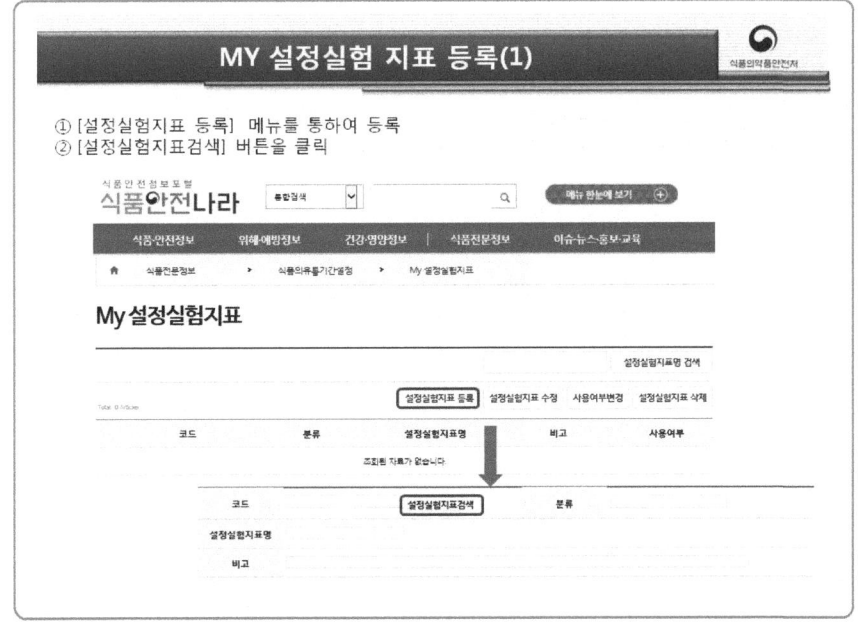

식품, 축산물 및 건강기능식품의 유통기간 설정실험 가이드라인(민원인 안내서)

MY 설정실험 지표 등록(2)

③ 팝업창에서 설정실험지표명을 입력하신 후 [검색] 버튼을 클릭
④ 팝업창에서 검색 후 나온 코드선택
⑤ 입력된 정보 확인 후 저장

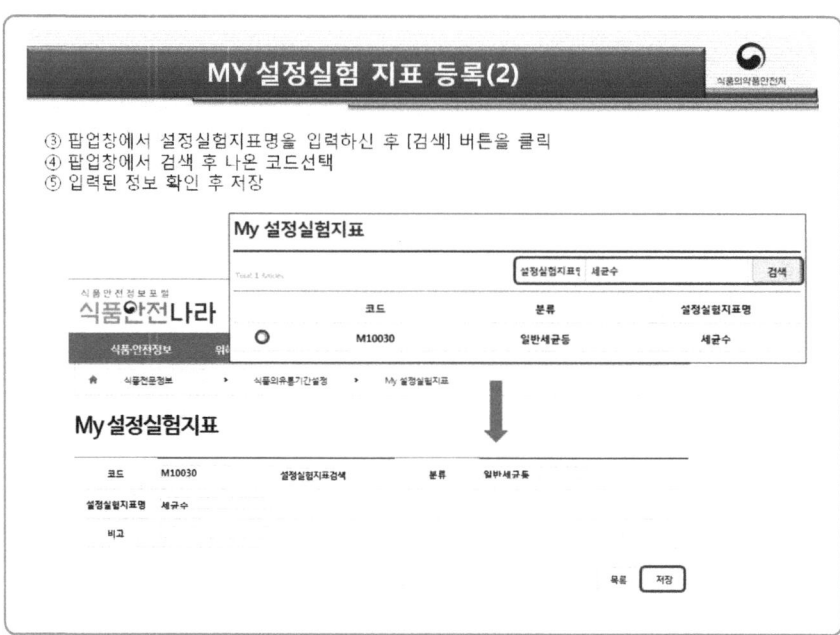

MY 설정실험 지표 등록(3)

⑥ 설정실험지표 추가 등록 및 확인
⑦ 설정실험지표 수정, 사용여부변경, 삭제 메뉴를 통하여 조정

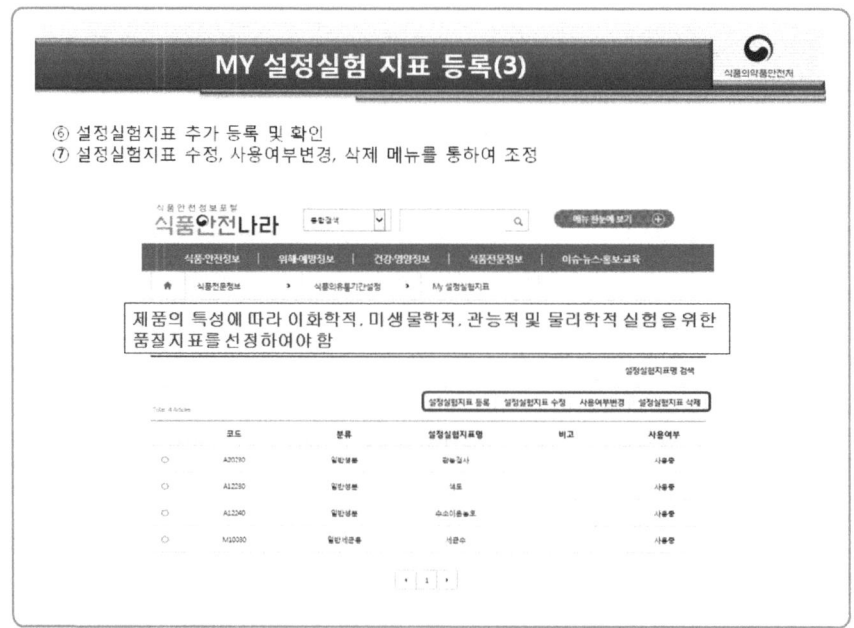

05. 별첨

유통기간 라이브러리 보기

① 열람하고자 하는 라이브러리 선택 후 [상세정보] 버튼 클릭

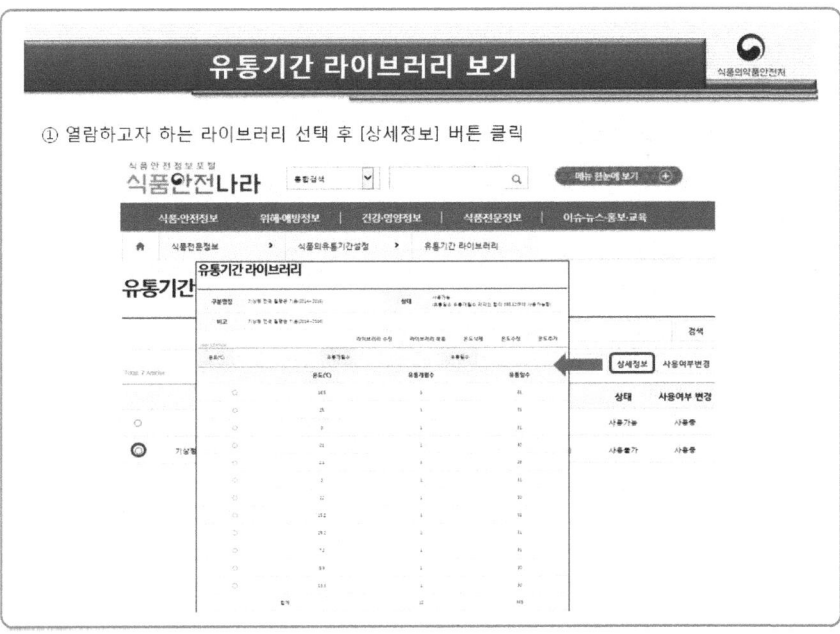

Ⅲ. 유통기간 예측

식품의약품안전처

식품, 축산물 및 건강기능식품의 유통기간 설정실험 가이드라인(민원인 안내서)

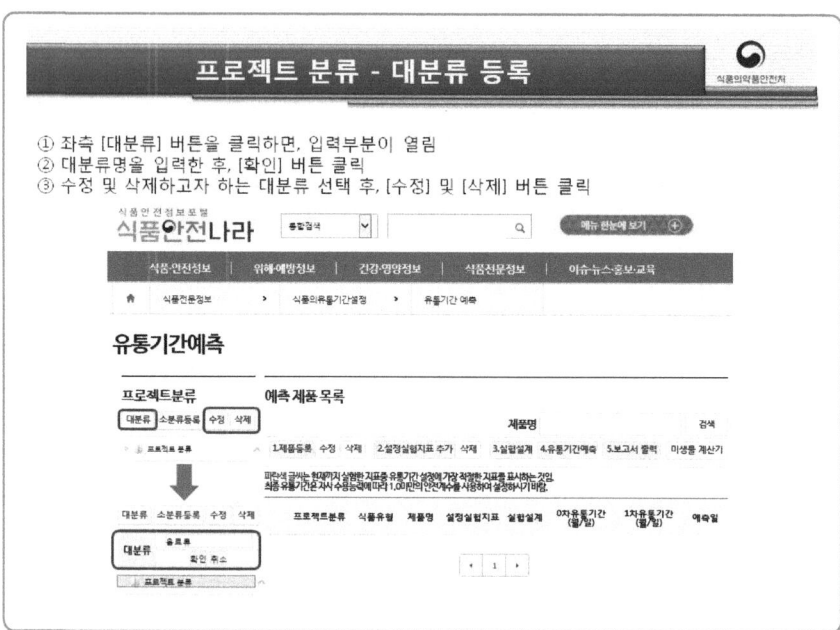

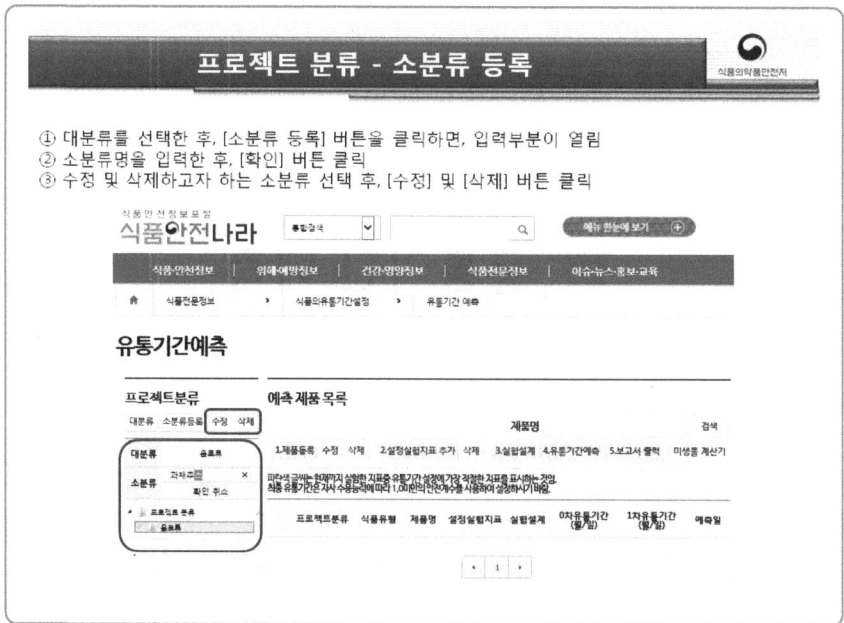

05. 별첨

제품 등록

① 소분류 선택 후, [등록] 버튼을 클릭 후 뜨는 팝업창에서 예측제품명 기입
② 식품유형 및 설정실험 지표 선택 후 확인
③ 소분류 및 기 등록한 제품 선택 후, 설정실험 지표[추가] 버튼을 통해 기 선택한 설정실험 지표 이외의 지표만 가능
④ 수정 및 삭제하고자 하는 제품명 선택 후, [수정] 및 [삭제] 버튼 클릭

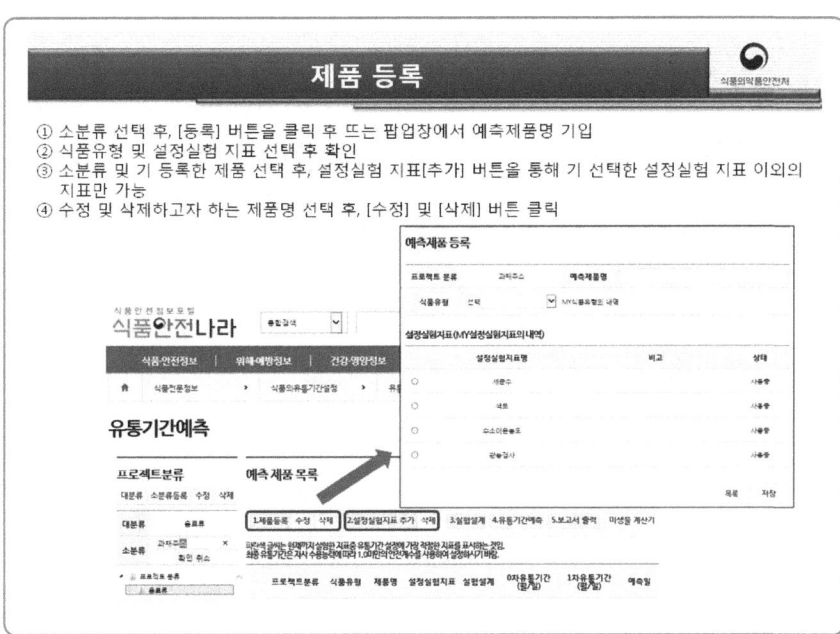

실험설계(1)

① 예측제품 목록에서 제품명, 설정실험 지표 선택
② [실험설계] 버튼을 클릭

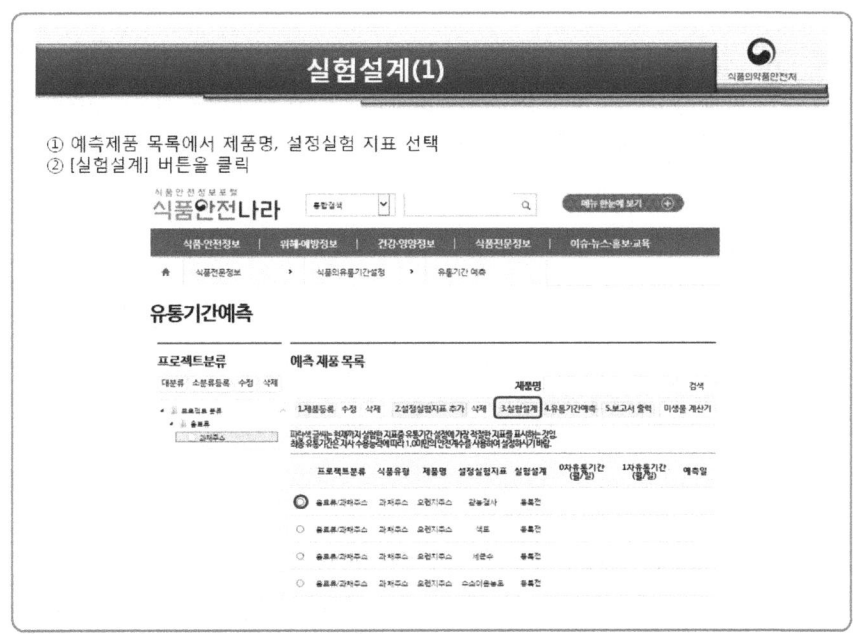

식품, 축산물 및 건강기능식품의 유통기간 설정실험 가이드라인(민원인 안내서)

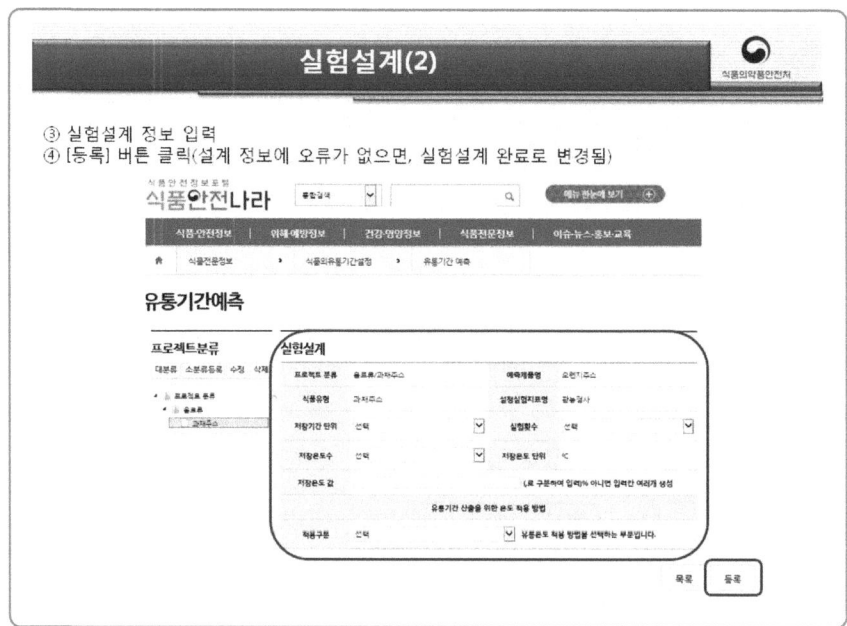

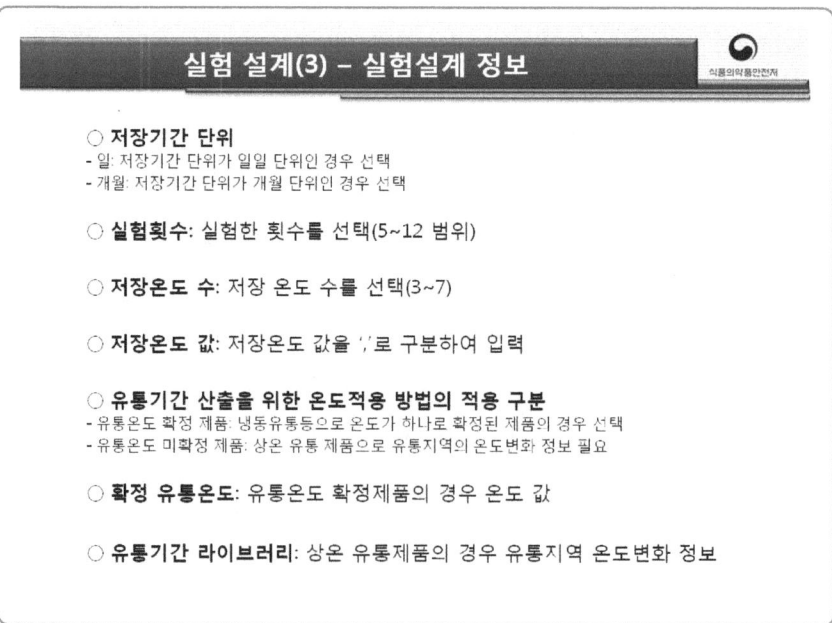

05. 별첨

① 예측제품 목록에서 실험설계가 완료된 제품명, 설정실험 지표를 선택
② [유통기간 예측] 버튼을 클릭

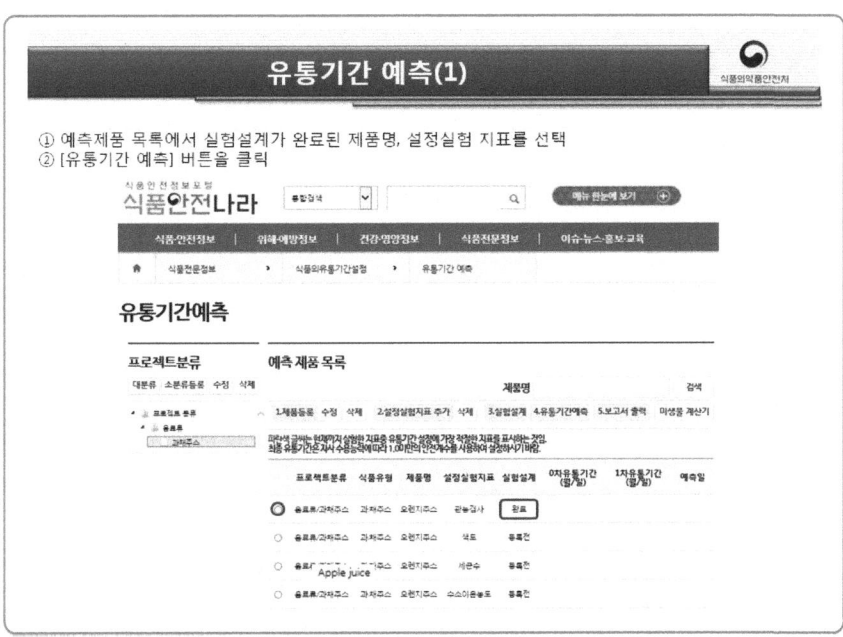

③ 입력정보/예측결과에서 예측을 위한 실험결과와 규격을 입력 후 하단부 [예측실행] 버튼 클릭
④ 저장기간 입력부분에서 최초값은 좌상단의 최초함량(A)에서 입력한 값이 자동 반영되므로 최초값 이후부터 기록하여야 한다.

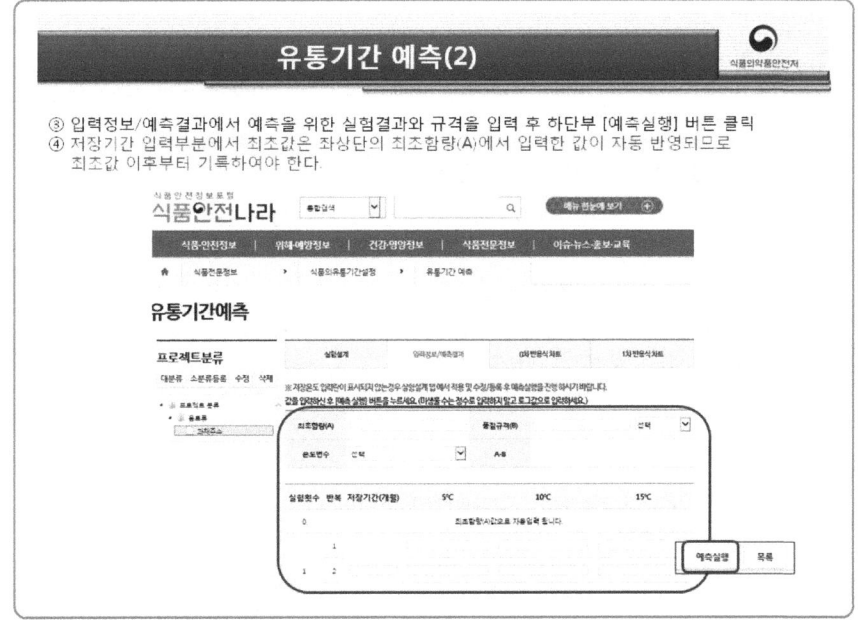

예측결과 확인(1)

① 예측결과 확인

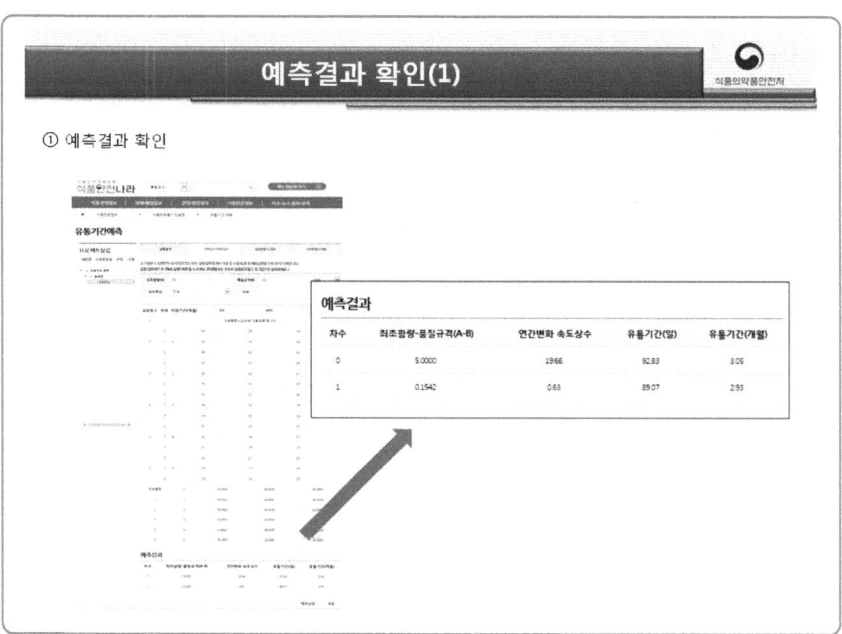

예측결과 확인 (2)- 시스템 내부 동작 요약

○ **0차 반응식으로 부터 유통기간 예측**

S-① 온도별 저장기간 설정실험 지표 함량 3반복 입력결과에 대한 평균을 구함
S-② 3반복 입력결과 평균의 선형 회귀방정식(**Linear regression**)실시(**slope**을 구함)
 y(t) = ax + b
 (x: 저장기간, y: 온도대별 품질지표 함량(유효성분이 남은 함량), t:온도 a: slope, b: intercept)
S-③ 3반복 입력결과 평균의 선형 회귀방정식(**Linear regression**)실시(**intercept**를 구함)
S-④ 3반복 입력결과의 평균에 대해 피어슨의 곱 모멘트 상관 계수의 제곱값을 구함:
 R^2 = 피어슨의 곱 모멘트 상관계수의 제곱
 r = 피어슨의 곱 모멘트 상관계수

$$r = \frac{n(\Sigma XY) - (\Sigma X)(\Sigma Y)}{\sqrt{[n\Sigma X^2 - (\Sigma X)^2][n\Sigma Y^2 - (\Sigma Y)^2]}}$$

S-⑤ 1/T - ln(K)의 선형 회귀방정식(**Linear regression**)
 1/T - ln(K)에 대해 다시 fitting하여, slope, intercept, R2 및 Ea계산=slope*1.987

05. 별첨

예측결과 확인(3) - 시스템 내부 동작 요약

S-⑥ 유통기간 라이브러리에 빠진 온도대에 대하여 **Linear regression**에서 구한 식을 이용하여 계산작업 실시하여 K값 **Lookup table**완성하고 연간변화량을 계산
유통기간 라이브러리의 국내온도별 유통기간(A)과 각 온도대별 K값을 곱하여 개별온도대별 연간변화량을 계산하고 이들을 모두 합하여 최종 연간변화량 계산

S-⑦ 최초값(I), 하한선(B)과 최종 연간변화량으로부터 유통기간 산출
유통기간(일) = (I-B)*365/최종연간변화량 계산값   유통기간(개월) = (I-B)*12/최종연간변화량 계산값

○ **1차 반응식으로 부터 유통기간 예측**

0차 반응식의 모든 알고리즘과 일치하며,
다만, raw-data에 Ln을 씌워서 계산하고, 최초값 및 하한선에도 Ln을 씌워서 계산함.

예측결과 확인(4)

② 0차 반응식 차트 탭의 0차 반응식 차트와 결과 확인
③ 1차 반응식 차트 탭의 1차 반응식 차트와 결과 확인

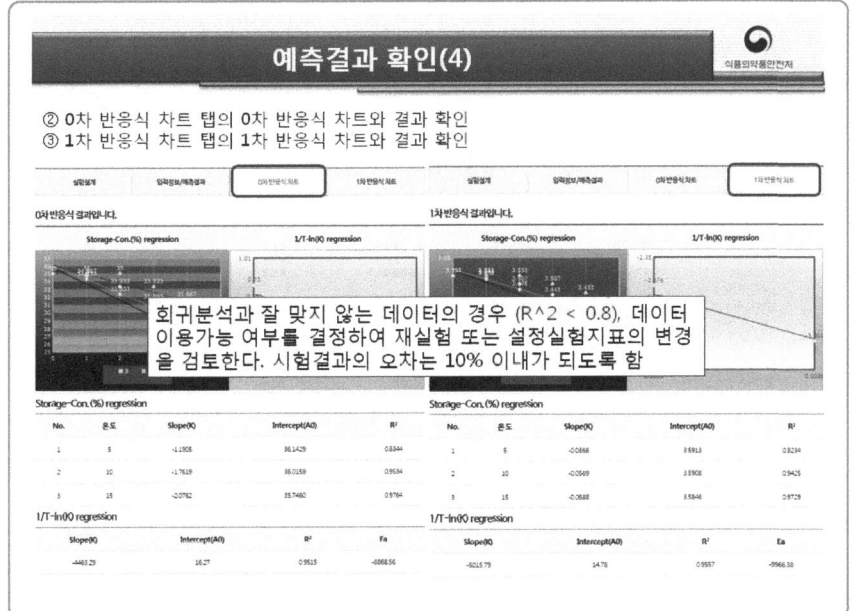

회귀분석과 잘 맞지 않는 데이터의 경우 ($R^2 < 0.8$), 데이터 이용가능 여부를 결정하여 재실험 또는 설정실험지표의 변경을 검토한다. 시험결과의 오차는 10% 이내가 되도록 함

식품, 축산물 및 건강기능식품의 유통기간 설정실험 가이드라인(민원인 안내서)

① 출력하고자 하는 예측결과 선택 후 [보고서 출력] 버튼 클릭

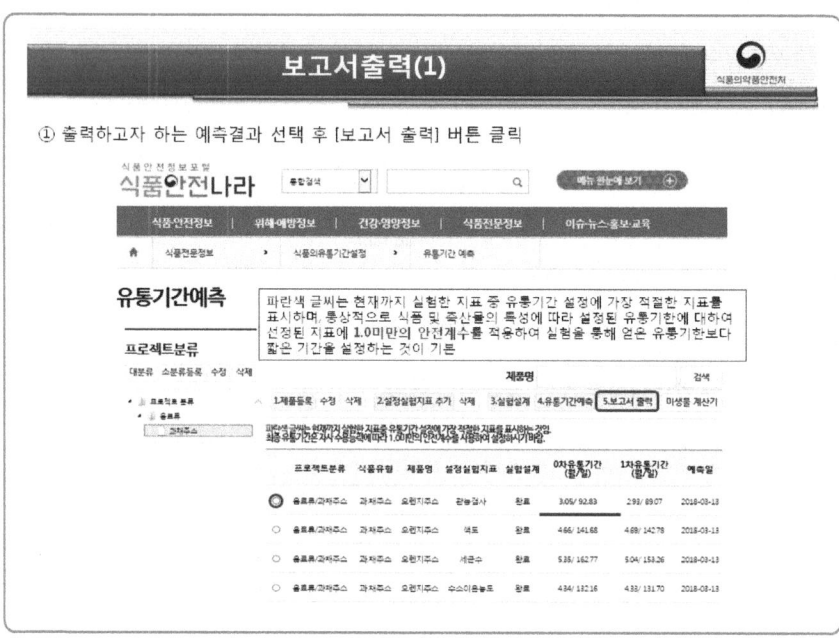

② [Print] 버튼으로 출력

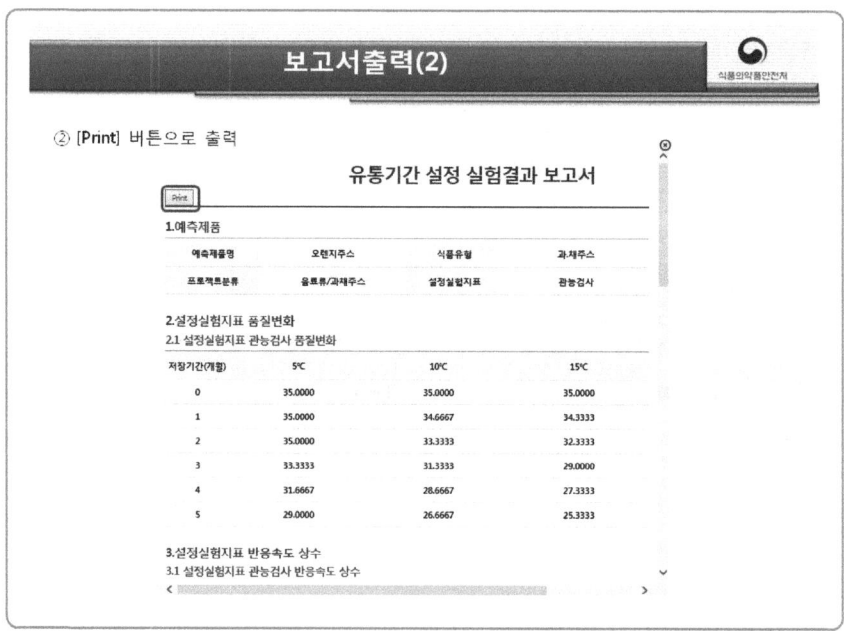

05. 별첨

IV. 미생물 계산기

식품의약품안전처

미생물 계산기

① 유통기간 예측 메뉴에서 [미생물 계산기] 클릭
② 규격값, 초기농도, 온도, Type 선택, [계산실행] 클릭
③ Type 선택하면, 각 구분별 주의사항이 하단에 나타남
④ 반드시 주의사항을 숙지하고 미생물계산기를 사용해야 함

식품, 축산물 및 건강기능식품의 유통기간 설정실험 가이드라인(민원인 안내서)

별첨10 간단한 예측적 방법의 사용

예측미생물학(Predictive food microbiology) 모델

예측미생물학 모델은 알고 있는 조건하에서 미생물을 생육시켜 얻은 자료로부터 수학적인 방정식을 얻어내어 유통기한을 계산하는 방법이다. 예측을 위해 제품의 pH, 수분활성도, 염, 보존 온도를 입력하면 미생물 생육가능성에 대한 예측을 얻을 수 있다. 이 모델은 제품의 유통기한 연구 초기단계 및 기존 제품에 대한 품질 기준 확인에 유용하다. 현재 국가별로 다수의 모델이 개발되어 있으며 무료로 이용 가능하다.

예측미생물학 모델은 접근방식이 용이하고, 비용이 무료이거나 저렴하여 빠르게 결과를 예측할 수 있는 장점이 있다. 그러나 안전에 대해 실수할 위험이 있어 결과에 대한 해석이 중요하며, 미생물이 증균배지(broth)에서 생육하기 때문에 실제 식품상태보다 생육이 빨라 저산성, 수분활성도가 높은 제품의 경우 실제보다 유통기한이 짧게 예측될 수 있는 단점이 있다. 따라서 반드시 실제 식품에 대한 실험과 병행하면서 활용하여야 한다.

- 고위험군 미생물 성장 예측 모델 : MFDS 식중독예방 대국민홍보사이트에서 다운로드 받아 사용가능
  http://www.mfds.go.kr/fm/index.do

- Pathogen Modelling Program(PMP) : USDA개발
  http://www.ars.usda.gov/services/docs.htm?docid=6786

- ComBase : 영국의 the Food Standards Agency & the Institute of Food Research, 미국의 the US Department of Agriculture, the Agricultural Research Service 및 the Eastern Regional로 구성된 컨소시엄에 의해 개발
  http://www.combase.cc

- Seafood Spoilage Predictor(SSP) : 네덜란드의 the Danish Institute for Fisheries Research(DIFRES)에서 해산물의 부패를 예측하기 위해 개발
  http://sssp.dtuaqua.dk/

06

유통기한 설정 관련 자주 묻는 질의응답집(FAQ)

본 질의응답은 「식품의 기준 및 규격」, 「건강기능식품의 기준 및 규격」, 「식품, 식품첨가물, 축산물 및 건강기능식품의 유통기한 설정기준」에 따른 유통기한 설정과 관련 자주 문의되는 사항을 정리한 것입니다.

06 유통기한 설정 관련 자주 묻는 질의응답집(FAQ)

1 일반사항

Q1. 제품의 유통기한이란 무엇인가요?

"유통기한"은 제품의 제조일로부터 소비자에게 판매가 허용되는 기한으로 소비자에게 판매가능한 최대기간을 말합니다. 제품에 표시된 유통기한은 소비자가 식품을 구입하거나 올바르게 사용하는데 중요한 정보가 됩니다.

유통기한은 해당 제품에 관한 정보를 가장 잘 파악하고 있는 제조업자 등 영업자가 책임지고 과학적 근거자료를 토대로 합리적으로 설정하도록 하고 있습니다. 또한, 해당 업체에서는 유통기한 설정 근거를 정리보관하고 소비자들의 문의가 있는 경우 정확하게 정보제공이나 설명이 가능하도록 해야 합니다.

제품의 유통기한 경과 후에는 제품의 판매가 금지되지만 일반 가정에서 미리 구매하여 적절히 보존한 경우 일정기간 이후까지 섭취 가능한 경우가 대부분입니다. 왜냐하면, 유통기한 설정 시 실험결과로부터 얻은 유통기한에 1미만의 안전계수(통상 0.7~0.8)를 적용하므로 실제 유통기한의 20~30% 짧게 표시하기 때문입니다.

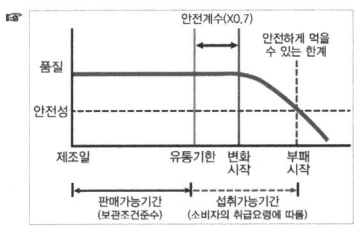

안전계수 : 제품에 표시할 유통기한의 재현성과 신뢰도를 높이기 위하여 유통기한 설정 실험으로부터 얻은 실험값에 대해 1미만으로 적용하는 계수
예) 20개월(실험결과 유통기한) x 0.7 (안전계수) = 14개월(제품표시 유통기한)

식품, 축산물 및 건강기능식품의 유통기간 설정실험 가이드라인(민원인 안내서)

Q2. 제품의 유통기한 설정이 필요한 이유는 무엇인가요?

제품의 유통기한 설정은 제조·가공·판매업체가 생산하는 당해 제품에 대하여 유통기간 설정실험을 통하여 유통 과정 중 변질·부패로 인한 식품의 안전성 문제나 제품의 품질이 저하되어 판매할 수 없게 되기까지의 기간을 파악하여 소비자에게 판매되는 최종 제품의 안전성과 품질을 보증하기 위해 필요합니다.

해당 업체가 당해 제품에 대하여 설정하여 표시한 유통기한 내에서는 「식품의 기준 및 규격」에서 정하는 해당 품목의 기준 및 규격에 적합하여야 합니다.

만약 유통기한 설정 근거가 잘못되었거나 근거 없이 연장하였다면 소비자들이 유통과정 중에 있는 변질·부패된 제품을 섭취할 수 있습니다. 이 경우 식중독 발생 등 식품안전 문제를 일으킬 수 있고, 정부나 지자체에서 실시하는 수거검사 시 식중독균 등의 부적합 판정을 받을 수 있습니다. 그 결과 해당 유통 제품의 회수와 영업정지 등의 행정처분이 따르게 될 수 있습니다. 또한, 이로 인해 해당 업체는 물론 식품산업 전반에 대한 소비자의 신뢰를 크게 훼손될 수 있으므로 제품의 유통기한을 정확히 설정하는 것이 매우 중요합니다.

Q3. 제품의 유통기한은 누가 어떻게 설정해야 하나요?

제품의 유통기한은 원칙적으로 제조·가공·판매업 영업자(일반식품의 경우), 주문자상표부착수입식품등의 유통기한은 식품등수입판매업자도 설정 가능, 축산물의 경우 축산물가공업영업자, 식육포장처리업영업자, 식육판매업영업자, 식용란수집판매업영업자, 식육즉석판매가공업영업자, 수입축산물 수입자도 설정 가능)가 실험결과 등 과학적 근거자료를 토대로 포장재질, 보존조건, 가공방법, 원료배합비율 등 제품의 특성과 냉장 또는 냉동보존 등 기타 유통실정을 고려하여 소비자의 위해방지와 품질을 보장할 수 있도록 설정하여야 합니다.

유통기간 설정실험은 「식품, 식품첨가물, 축산물 및 건강기능식품의 유통기한 설정기준」(식약처 고시)에 따라 실시하여야 합니다. 일반적으로 여름철 기온이 높은 시기나

06. 유통기한 설정 관련 자주 묻는 질의응답집(FAQ)

가정에서 보관 등도 고려하여 일정한 조건에서 보존 시험을 실시하고 그 기간 동안 경시적인 변화를 미생물 검사 등으로 확인하여 설정하게 됩니다.

Q4. 제품의 유통기간 산출시점은 언제로 하나요?

식품, 축산물

"유통기간"의 산출은 포장완료(다만, 포장 후 제조공정을 거치는 제품은 최종공정 종료)시점으로 하고 캡슐제품은 충전·성형완료시점으로 한다. 선물세트와 같이 유통기한이 상이한 제품이 혼합된 경우에는 유통기한이 먼저 도래하는 제품의 유통기한으로 정하여야 하며 단순 혼합 등 원료 제품의 저장성이 변하지 않는 단순가공처리만을 하는 제품은 유통기한이 먼저 도래하는 원료 제품의 유통기한을 최종 제품의 유통기한으로 정하여야 한다.

다만, 소분 판매하는 제품은 소분하는 원료제품의 유통기한을 따르고, 해동하여 출고하는 냉동제품(빵류, 떡류, 초콜릿류, 젓갈류, 과·채주스, 치즈류, 버터류, 수산물가공품(살균 또는 멸균하여 진공 포장된 제품에 한함))은 해동시점을 유통기간 산출시점으로 본다.

2 유통기간 설정실험

Q5. 제품의 유통기간 설정실험을 수행해야 할 경우에 해당하는 경우는 무엇인가요?

유통기간 설정 실험을 수행하여 유통기한을 설정해야 할 경우는 새로운 제품의 개발 시, 제품의 배합 비율 변경 시, 제품의 가공공정의 변경 시, 제품의 포장 재질 및 포장방법의 변경 시, 소매포장 변경 시 등이 해당됩니다.

Q6. 유통기간 설정실험은 어디에서 하나요?

유통기간 설정실험은 실험시설을 갖춘 제조·가공업소에서 자체적으로 실시할 수 있습니다.

반면, 실험시설을 갖추지 못한 업체에서는 유통기간 설정실험이 가능한 타 국내외 식품제조·가공업자, 축산물은 타 축산물가공업자, 타 식육포장처리업자, 건강기능식품은 타 건강기능식품제조업자, 식품관련 학과 설치 대학 및 대학 부설 연구소, 또는 「식품·의약품분야 시험·검사 등에 관한 법률」 제6조제2항에 따라 식품의약품안전처장이 지정한 식품 등 시험·검사기관, 축산물 시험·검사기관(다만, 유통기한설정 실험 수행 가능 품목은 지정받은 검사업무 범위에 해당하는 품목에 한하며, 주문자상표부착수입식품등의 경우 「수입식품안전관리 특별법 시행규칙」 제27조제1항제2호에 따른 국외검사기관에서도 가능함)에 의뢰할 수 있습니다. 이 경우 "식품, 식품첨가물, 축산물 및 건강기능식품의 유통기한 설정기준"에 따른 [별지 제1호 서식] 유통기간 설정실험 의뢰서를 작성하여 유통기간 설정실험을 의뢰할 수 있습니다.

Q7. 유통기간 설정실험을 생략할 수 있는 경우는 어떤 경우인가요?

식품

- 식품의 권장유통기간 이내로 유통기한을 설정하는 경우
- 유통기한 표시를 생략할 수 있는 식품 또는 품질유지기한 표시 대상 식품에 해당하는 경우(다만, 식품 제조·가공업자가 유통기한을 표시하고자 하는 경우에는 제외)
- 유통기한이 설정된 제품과 다음 각 항목 모두가 일치하는 제품의 유통기한을 이미 설정된 유통기한 이내로 하는 경우

  1) 식품유형(「식품의 기준 및 규격」 제4 식품별 기준 및 규격 중 식품유형 정의에 구체적인 식품종류까지 나열되어 있는 경우에는 식품종류까지 동일하여야 함. 예 : 과자류 - 과자 - 비스킷)

2) 성상(예: 분말, 건조물, 고체식품, 페이스트상, 시럽상, 액상식품 등)

3) 포장재질(예: 종이제, 합성수지제, 유리제, 금속제 등) 및 포장방법
(예: 진공포장, 밀봉포장 등)

4) 보존 및 유통온도

5) 보존료 사용여부

6) 유탕·유처리 여부

7) 살균(주정처리, 산처리 포함) 또는 멸균방법

- 유통기한 설정과 관련한 국내·외 식품관련 학술지 등재 논문, 정부기관 또는 정부출연기관의 연구보고서, 한국식품산업협회 및 동업자조합에서 발간한 보고서를 인용하여 유통기한을 설정하는 경우

축산물

- 유통기한이 설정된 제품과 다음 각 항목 모두가 일치하는 제품의 유통기한을 이미 설정된 유통기한 이내로 하는 경우

  1) 축산물의 유형(「식품의 기준 및 규격」 제4. 축산물별 기준 및 규격 중 식품유형 정의에 구체적인 식품종류가 나열되어 있는 경우에는 식품 종류까지 동일하여야 함. 예 : 식육가공품 - 분쇄가공육제품 - 햄버거패티)

  2) 성상(예: 분말, 건조물, 고체식품, 페이스트상, 시럽상, 액상식품 등)

  3) 포장재질(예: 종이제, 합성수지제, 유리제, 금속제 등) 및 포장방법(예: 진공포장, 밀봉포장 등)

  4) 보존 및 유통온도

  5) 보존료 사용여부

  6) 유탕·유처리 여부

  7) 살균(주정처리, 산처리 포함) 또는 멸균방법

- 유통기한 설정과 관련한 국내·외 식품·축산물 관련 학술지 등재 논문, 정부기관

식품, 축산물 및 건강기능식품의 유통기간 설정실험 가이드라인(민원인 안내서)

또는 정부출연기관의 연구보고서, 관련 조합, 협회 등에서 발간한 보고서를 인용하여 유통기한을 설정하는 경우

건강기능식품

- 유통기한이 설정된 제품과 다음 각 항목 모두가 일치하는 신제품의 유통기한을 이미 설정된 유통기한 이내로 하는 경우

  1) 기능성원료 또는 식품유형(「건강기능식품의 기준 및 규격」의 소분류까지 동일하여야 함. 한편, 식품유형과 비교할 경우, 사용한 기능성 원료 또는 성분의 경시적 변화 특성에 대한 자료를 추가로 제출하여야 함)

  2) 성상(예: 캡슐, 정제, 분말, 과립, 액상, 환, 편상, 페이스트상, 시럽, 겔, 젤리, 바, 필름)

  3) 포장재질(예: 종이제, 합성수지제, 유리제, 금속제 등) 및 포장방법(예: 진공포장, 밀봉포장 등)

  4) 보존 및 유통온도

  5) 보존료 사용여부

  6) 유탕·유처리 여부

  7) 살균 또는 멸균방법

- 유통기한 설정과 관련한 국내·외 식품관련 학술지 등재 논문, 정부기관 또는 정부출연기관의 연구보고서, 한국식품산업협회, 한국건강기능식품협회 및 동업자조합 등에서 발간한 보고서를 인용하여 유통기한을 설정하는 경우

Q8. 유통기간 설정실험을 생략하기 위해 유사제품과 비교할 경우 수입제품과 비교할 수 있는지요?

수입제품의 경우 국내 제품과 수입경로 등의 유통환경이 상이하기 때문에 수입제품을 유사제품으로 비교하는 것은 불가합니다.

06. 유통기한 설정 관련 자주 묻는 질의응답집(FAQ)

Q9. 유통기간 설정 시 유사제품과 비교하여 설정실험을 생략하고자 합니다. 타사 제품과 비교해도 되는지요?

자사의 유사제품을 비교하는 것이 가장 좋으나 부득이한 경우 기존 품목제조보고 되어있는 타사 제품과도 비교할 수 있습니다. 다만, 이 경우에는 근거자료를 확실히 제시할 수 있어야 합니다.

Q10. 상온유통제품의 온도범위는 15~25℃인데 유통기간 실험 시 저장온도는 어떻게 선정해야 하나요?

상온유통제품의 온도범위는 15~25℃로 상온유통제품에서 보존성이 가장 취약한 온도는 그 온도범위에서 가장 높은 25℃라 할 수 있습니다. 따라서 상온유통제품의 유통기간 설정실험 시에는 반드시 25℃를 포함한 저장온도를 선정해야 합니다. 이와 마찬가지로 실온유통제품, 냉장유통제품, 냉동유통제품의 경우에도 각각 35℃, 10℃, -18℃의 저장온도를 포함시켜 실험하여야 합니다.

Q11. 유통기간 설정실험기간은 유통기간보다 길어야 하나요?

유통기간 설정실험은 제품을 유통온도에서 보존하였을 경우 해당 제품의 안전성과 품질이 유지되는 기간을 설정하기 위한 것이므로 실험 저장기간이 최소한 설정하려는 유통기한보다는 길어야 합니다. 단, 가속실험의 경우는 보존·유통 온도로 실험하는 것이 아니기 때문에 예외가 될 수 있습니다.

Q12. 유통기간 설정실험 시 실측실험과 가속실험이란 무엇인가요?

실측실험은 제품의 유통기한을 가장 정확하게 설정할 수 있는 원칙적인 방법으로서 제조·가공업체가 예상하는 유통기한의 1.25~2배 기간 동안 실제 보관 또는 유통조건으로 저장하면서 선정한 지표가 품질한계에 이를 때까지 일정간격으로 실험을 진행하여 얻은 결과로부터 설정하는 것을 말합니다. 실측실험 대상은 시간, 비용 등의 경제적인 측면에서 주로 유통기한이 3개월 이내의 비교적 유통기간이 짧고 유통조건이 단순한 제품에 효율적입니다.

가속실험은 실제 보관 또는 유통조건보다 가혹한 조건에서 실험하여 단기간에 제품의 유통기한을 예측하는 것을 말합니다. 즉, 온도가 물질의 화학적, 생화학적, 물리학적 반응과 부패 속도에 미치는 영향을 이용하여 실제보관 또는 유통온도와 최소 2개 이상의 비교 온도에 저장하면서 선정한 지표가 품질한계에 이를 때까지 일정 간격으로 실험을 진행하여 결과를 얻습니다. 그 실험결과를 아레니우스 방정식(Arrhenius equation)을 사용하여 실제 보관 및 유통 온도로 외삽한 후 유통기한을 예측하여 설정하는 것을 말합니다. 계산과정이 어렵고 복잡하여 초보자가 접근하기는 쉽지 않지만, 시간, 비용 등 경제적인 측면에서 3개월 이상의 비교적 유통기한이 길고 유통조건이 복잡한 제품에 효율적입니다.

Q13. 유통기간 설정실험을 하는 지표는 무엇인가요?

유통기한을 과학적으로 설정하기 위해서는 개별식품의 특성이 충분히 반영된 객관적인 지표를 선정할 필요가 있습니다. 객관적인 지표란 이화학적, 미생물학적 실험 등에서 수치화가 가능한 지표를 말하며, 주관적인 지표로는 색, 향미 등을 측정하는 관능적 지표가 있는데 적절하게 관리된 환경에서 훈련된 평가원(패널)에 의해 정해진 방법에 따라 실시된다면 관능검사의 지표도 객관적인 항목으로 사용할 수 있습니다.

제품의 제조일부터 품질변화를 평가하는 실험 종류에는 이화학적 실험, 미생물학적 실험, 물리학적 실험 및 관능검사로 구분할 수 있습니다. 이화학적 실험의 설정실험 지표로는 수분, 산가, pH, 산도, 당도, 영양성분, 비타민류, 지방산 분석 등을 들 수 있습니다. 미생물학적 실험의 일반적 지표로는 일반세균수, 대장균군, 진균수, 식중독균(살모넬라, 황색포도상구균, 바실러스 세레우스 등), 유산균수 등을 들 수 있습니다. 물리학적 실험의 지표로는 비스킷이나 스낵의 바삭함 정도를 결정하기 위한 경도, 소스의 점성을 측정하기 위한 점도 실험 등이 있습니다. 그리고 관능검사의 지표로는 향미, 색, 조직감 등을 들 수 있습니다.

Q14. 유통기간 설정실험 시 제시된 식품, 축산물 유형별 지표 실험은 모두 수행해야 하나요?

「식품, 식품첨가물, 축산물 및 건강기능식품의 유통기한 설정기준」(식약처 고시) 중 [별표 2] 식품, 축산물 유통기간 설정실험 지표는 식품, 축산물 유형 및 식품, 축산물의 제조·가공 특성에 따른 지표를 참고적으로 제시하고 있는 것입니다. 따라서 이를 참고하여 해당업체 및 검사기관에서 실험계획 시 식품, 축산물의 특성을 면밀히 검토하여 지표를 선정할 수 있습니다.

Q15. 유통기간 설정실험 시 제품유형, 성상 등이 같으며 약간의 배합비 변경으로 여러 가지 제품을 생산하는 경우 모두 실험해야 하나요?

배합비율 등을 변경하여 다른 종류의 제품을 생산 할 경우에 그 제품에 해당하는 유통기간 설정실험을 실시하여 유통기한을 설정해야 합니다.

반면, 해당 제품이 유통기한이 설정된 제품과 7개 항목(품목 유형, 성상, 포장재질, 보존 및 유통온도, 보존료 사용여부, 유탕유처리 여부, 살균 또는 멸균 방법) 모두가 일치하는 경우이거나 유통기한 설정과 관련한 국내·외 식품·축산물 관련 학술지 등재 논문, 정부기관 또는 정부출연기관의 연구보고서, 관련 조합, 협회 등에서 발간한 보고서를 인용하여 유통기한을 설정하는 경우에는 유통기간 설정실험을 생략할 수 있습니다.

Q16. 유통기간 설정실험 시 유통기한 산출프로그램이 있나요?

식약처에서 개발 보급한 식품(일반식품에 한함)의 유통기한 설정 프로그램 (www.foodsafetykorea.go.kr)에 접속하여 유통기한을 산출할 수 있습니다. 다만, 이 프로그램은 실측실험이 아닌 가속실험으로부터 얻은 실험결과를 계산하여 유통기한을 예측할 수 있습니다.

☞ 실측실험을 수행한 경우 이 『식품, 축산물 및 건강기능식품의 유통기간 설정실험 가이드라인』 별첨 8. 식품 유통기간 설정실험 결과보고서 작성 예를 참고하시기 바랍니다.

3. 유통기한 설정방법

Q17. 식품접객업소에서 조리한 식품도 유통기한을 설정하여야 하나요?

유통기한은「식품, 식품첨가물, 축산물 및 건강기능식품의 유통기한 설정기준」(식약처 고시)에 따라 식품 등 제조·가공업자가 제품의 특성과 유통실정을 고려하여 위해방지와 품질을 보장할 수 있도록 설정하도록 규정하고 있습니다.

또한, 식품의 유통기한 설정과 관련하여서는 식품위생법 시행규칙 제45조에 따른 식품 제조·가공업자가 품목제조보고 시 유통기한 설정 사유서를 제출하도록 하고 있으므로 식품접객영업자가 영업장 내에서 제조한 조리식품은 별도로 유통기한을 설정할 필요는 없습니다.

Q18. 유통기한 표시 대상은 아니지만 유통기한을 표시하고자 할 경우, 제조업자가 임의로 설정해도 되나요?

유통기한을 표시하고자 하는 경우에는「식품, 식품첨가물, 축산물 및 건강기능식품의 유통기한 설정기준」(식약처 고시)에 따라 설정하여 표시하여야 합니다.

Q19. 식품을 단순가공처리 또는 소분판매 하는 경우, 제품의 유통기간 산출시점은 어떻게 되나요?

소분판매하는 제품은 소분하는 원료제품의 포장시점을, 원료제품의 저장성이 변하지 않는 단순가공처리만을 하는 제품은 원료제품의 포장시점을 각 유통기간 산출시점으로 하여야 합니다.

다만, 제품 제조·가공 시 원료제품의 저장성에 영향을 미치는 공정(가열, 다른 식품 또는 식품첨가물 혼합 등)을 거쳐 제조한 것이라면 해당 제품의 포장완료 시점을 기준으로 유통기간을 산출하여야 합니다.

06. 유통기한 설정 관련 자주 묻는 질의응답집(FAQ)

Q20. 주문자상표부착수입식품의 경우도 기존 유통 제품과 비교하여 유통기한을 설정할 수 있나요?

유사제품 비교를 통해 주문자상표부착수입제품의 유통기한을 설정하는 경우, 동일 제조국에서 국내로 수출하는 유사 주문자상표부착수입제품에 한하여 7가지 항목(식품유형, 성상, 포장재질 및 포장방법, 보존 및 유통온도, 보존료 사용여부, 유탕·유처리여부, 살균 또는 멸균방법)이 모두 일치하는 경우, 비교하여 설정할 수 있습니다.

Q21. 냉동수산물의 유통기한은 어떻게 되나요?

「식품의 기준 및 규격」제2. 식품일반에 대한 공통기준 및 규격 4. 보존 및 유통기준, 17)에 "냉동수산물은 해동 후, 24시간 이내에 냉장으로 유통할 수 있다. 이때 해동된 수산물을 재냉동하여서는 아니 된다."라고 규정하고 있으므로 냉동수산물을 단순히 해동하여 판매할 경우에는 24시간 이내에 냉장으로 유통하여야 합니다.

Q22. 수입 우육의 유통기한이 6개월여 남은 경우 해당 원료육 절단 후 양념 가공 시 유통기한 설정은 어떻게 하나요?

양념육을 제조하는 것은 원료육의 저장성이 변하지 않는 단순가공처리만을 하는 제품에 해당되지 않으므로 당해 제품의 영업자가 제품의 포장완료(단, 포장후 가공공정을 거치는 제품은 최종 공정을 마친) 시점을 유통기한 산출 시점으로 하여 제품의 특성과 유통실정을 고려하여 위해방지와 품질을 보장할 수 있도록 정하여야 합니다.

Q23. 가금류 식육을 절단(세절 또는 분쇄를 포함)하여 포장한 냉장 또는 냉동 포장육이 "원료제품의 저장성이 변하지 않는 단순가공 처리만을 하는 제품"에 해당되는지요?

냉장 또는 냉동 식육을 절단(세절 또는 분쇄를 포함)하여 각각 냉장 또는 냉동 포장육을 생산하는 경우 '원료제품의 저장성이 변하지 않는 단순가공처리만을 하는 제품'에 해당됩니다.

Q24. 축산물가공업으로 품목제조보고 상의 유통기한은 40일이나 여름철에 유통기한을 짧게 표시하여 판매가능한가요?

「식품, 식품첨가물, 축산물 및 건강기능식품의 유통기한 설정기준」(식약처 고시) 제4조제1항에서 '설정된 "유통기간" 내에서 실제 유통조건을 고려하여 제품의 유통 중 안전성과 품질을 보장할 수 있도록 유통기한을 설정하여야 한다.'라고 정하고 있으므로 특정시기의 계절적 요인으로 제품의 산패 등 위험이 예상될 경우 신고하신 품목제조보고서의 유통기한보다 짧게 표시하여 판매할 수 있습니다.

Q25. 유통기한이 상이한 각각의 단품을 하나로 조합하여 '한우정육세트'를 만들고자 하면 유통기한 설정은 어떻게 하나요?

선물 세트와 같이 유통기한이 상이한 제품이 혼합된 경우에는 유통기한이 짧은 제품을 전체 제품의 유통기한으로 정하여야 합니다.

Q26. 식육과 갈비뼈를 결착제 등을 이용하여 제품을 만드는 경우 유통기한 설정은 어떻게 하나요?

식육과 뼈를 단순 결착한 것은 원료 제품의 저장성이 변하지 않는 단순가공처리만을 하는 경우에 해당되므로 유통기한이 먼저 도래하는 원료 제품의 유통기한을 최종제품의 유통기한으로 정하여야 합니다.

06. 유통기한 설정 관련 자주 묻는 질의응답집(FAQ)

Q27. 포장육을 냉장고에서 10일정도 숙성한 후 포장하여 유통하려고 하는 제품의 유통기한 설정은 어떻게 하나요?

포장육을 냉장에서 숙성시킨 포장육은 원료의 저장성이 변하는 가공공정으로 보기 어려우므로 원료로 사용된 포장육의 유통기간 내에서 유통기한을 설정하여야 합니다.

Q28. 건강기능식품의 유통기한을 유사제품 비교를 통해 설정할 때 7가지 항목 중 6가지 사항은 모두 일치하나, 성상이 장용성코팅 캡슐을 사용한 제품을 장용성코팅이 아닌 캡슐제품과 비교 가능한가요?

두 제품의 성상이 모두 캡슐에 해당되는 경우라면 동일한 성상으로 판단되며, 성상을 제외한 나머지 항목도 전부 동일하다면 유통기간 설정실험을 생략할 수 있습니다.

4 기타

Q29. 식품의 유통기한 설정과 관련하여 참고할 수 있는 국내외 자료는 어디에서 찾아볼 수 있나요?

유통기한 설정과 관련 기타 자세한 사항은 「식품, 식품첨가물, 축산물 및 건강기능식품의 유통기한 설정기준」, 「식품, 축산물 및 건강기능식품의 유통기한 설정 실험 가이드라인」과 아래 표의 국외 관련 자료를 참고하시기 바랍니다.

구분(기관)	관련 법률·규정	가이드라인	비 고
미국 (Office of Technology Assessment)	CFR Title 21 part107 - Infant Formula	Open Shelf-Life Dating of Food (1979)	실험방법 제공 설정실험지표는 미생물 및 이화학적 기준을 고려하여 영업자가 정함

구분(기관)	관련 법률·규정	가이드라인	비 고
EU (European commission)	Directive 2000/13/EC Article 9&10	Guidance Document on L.monocytogenes Self-life studies for Ready to Eat foods('08)	설정실험지표* 및 방법 제공 - 법적 설정지표 및 방법은 EC 2073/2005 Microbiological Criteria for Foodstuffs에 따름 - 비법적 설정지표는 가이드라인에 제시
뉴질랜드 (NZFSA)	Austrailia Newzealand Food Standard Code - Standard 1.2.5 Date Marking of Food	A Guide to Calculating the Shelf-Life of Food('05)	설정실험지표 및 방법 제공 - 법적 설정지표 및 방법은 Standard 1.6.1 Microbiological limits for food, Microbiological guideline criteria, Guidelines for the microbiological examination of ready-to-eat foods에 따름 - 비법적 설정지표는 가이드라인에 제시
일본 (후생노동성, 농림수산성)	가공식품 품질표시기준 (加功食品品質表示基準, 消費者廳 告示)	식품기한표시설정을 위한 가이드라인('05), 식육기한표시를 위한 시험방법 가이드라인('06)	설정실험지표 및 방법 제공 - 법적 설정지표 및 방법은 Specifications and Standards for Foods, Food Additives, etc. Under the Food Sanitation Act('10)에 따름 - 비법적 설정지표는 가이드라인에 제시

본 가이드라인 내용은 식품(2007~2010년), 축산물(2009~2012년)에 대하여 식약처에서 수행한 용역 연구사업을 반영하였습니다.

본 가이드라인에 제시된 내용은 모든 식품, 축산물의 유형이나 건강기능 식품을 대표한 것이 아니며, 제품의 특성을 고려하시고 내용을 참조하시기 바랍니다. 특히, 미생물계산기의 경우 개발 당시 적용한 미생물 초기농도, 제품 성분배합 등에 한정적이며, 동일 식품유형이라도 모든 제품을 대표할 수 없으므로 참고용으로만 활용하시고, 반드시 실험을 통해 결과를 확인 하시기 바랍니다.

본 가이드라인의 내용을 발표 또는 인용할 시에는 반드시 식품의약품 안전처에서 발행한 가이드라인의 내용임을 밝혀주시기 바랍니다.

본 가이드라인의 내용을 신문, 방송, 참고문헌, 세미나 등에 인용 시에는 해당 주관 부서와 사전에 상의하여 주시기 바랍니다.

편 집 인	식품안전정책국 식품기준기획관 식품기준과
문 의 처	식품안전정책국 식품기준기획관
	식품기준과 전화 043-719-2412 팩스 043-719-2400

식품, 축산물 및 건강기능식품의 유통기간 설정실험 가이드라인

초판 인쇄 2018년 09월 27일
초판 발행 2018년 10월 09일

저 자 식품의약품안전처
발행인 김갑용

발행처 진한엠앤비
주소 서울시 서대문구 독립문로 14길 66 205호(냉천동 260)
전화 02) 364 - 8491(대) / 팩스 02) 319 - 3537
홈페이지주소 http://www.jinhanbook.co.kr
등록번호 제25100-2016-000019호 (등록일자 : 1993년 05월 25일)
ⓒ2018 jinhan M&B INC, Printed in Korea

ISBN 979-11-290-0888-6 (93570)   [정가 22,000원]

☞ 이 책에 담긴 내용의 무단 전재 및 복제 행위를 금합니다.
☞ 잘못 만들어진 책자는 구입처에서 교환해 드립니다.
☞ 본 도서는 [공공데이터 제공 및 이용 활성화에 관한 법률]을 근거로 출판되었습니다.